人生必须有取舍

陈大超 著

西苑出版社
XIYUAN PUBLISHING HOUSE
北京

图书在版编目（CIP）数据

人生必须有取舍 / 陈大超著. —北京：西苑出版社，2015.1
ISBN 978-7-5151-0474-4

Ⅰ.①人… Ⅱ.①陈… Ⅲ.①人生哲学－通俗读物 Ⅳ.①B821-49

中国版本图书馆CIP数据核字（2014）第181266号

人生必须有取舍

作　者	陈大超
责任编辑	姚红梅
出版发行	西苑出版社
通讯地址	北京市朝阳区广泽路2号院（东区）14号楼
邮政编码	100102
电　话	010-88637122
传　真	010-88637120
网　址	www.xiyuanpublishinghouse.com
印　刷	北京旭丰源印刷技术有限公司
经　销	全国新华书店
开　本	880mm×1230mm　1/32
字　数	166千字
印　张	8
版　次	2015年1月第1版
印　次	2015年1月第1次印刷
书　号	ISBN 978-7-5151-0474-4
定　价	29.80元

（凡西苑出版社图书如有缺漏页、残破等质量问题，本社邮购部负责调换）
版权所有　翻印必究

自 序

偏偏喜欢写自己

"请用名人的事写文章。""用自己的事写不好发表。"不止一位编辑在给我的约稿信和退稿信中说。但我偏偏喜欢写自己。我想固执地让别人知道,在这个世界上,并不是只有名人才需要活得认真、活得顽强、活得敢爱敢恨、活得有风骨有尊严。名人可以那么活,普通人也可以那么活。

也有不一样的编辑。我的许多写自己的文章,还是发表了出来。有极少数编辑还极为赏识。也有极少的读者特别喜欢。可是在这个以"多"为市场的时代,少和极少,都是容易被忽略的。我也一直是个被大众忽略的人。被大众忽略,当然不能成为名人。

好在我从来不被我自己忽略。我总是像战士擦拭手中的刀枪一样擦拭着自己,我也总是像在战场上冲锋陷阵的战士一样绝不容许自己往怯弱和渺小的地方后退半步。但我到底不是战场上的战士。我是生活在默默无闻的普通生活中的战士。在这种默默无闻的生活中我既是我自己的将军,也是我自己的每一个命令的执行者。同时我也是我的许多命令执行情况的记录者。那么我执行得如何？我的这本书便是我的记录。我希望有兴趣审视、欣赏我的读者，给我打打分。

我最满意的，是我记录下了我辞去官职回家当自由写作人、起诉"新浪"终于让它向我低头的所经所历、所思所想。它是我自己的思想财富。这两件事，都得到了全国各地许许多多人的无私支持，特别是得到我妻子吕丽的全力支持。

"我们不是伟大的人，我们只能用一件件小事证明自己。大事有时候只能做一次，而小事，是可以做一辈子的。我认为小事更能代表一个人的本质，更能反映一个人的精神风貌和品位。"这是我的一位名叫姬燕荣的同学的话。不是伟大的人不是名人的人，就更不应该忽略自己在小事上的表现，更应该在小事上活出自己的精神风貌和品位。

有人或许会说，一个普通人，他能不能活出自己的精神风貌和品位，那有什么关系？当然有关系。关系到一个人的尊严与人格。一个人的人格与尊严，就在他的精神风貌与品位里。一个活得毫无精神风貌和品位的人，你能说他活得有人格有尊严？

虽然说是天赋人权，但天赋的那个人权，却是要靠你自己去一点点地争取、一点点地守护、一点点地变成自己生命中的一部分。但是首先，你要看得到那个属于你的人权，你不能把自己的人权与自己的生活隔离开来。你要把自己的人生的一件件小事，与那个人权紧密地联系、结合起来。一个人活得有没有见识，我想，它应该首选表面在这个上面。我自己是个有见识的人吗？这个我不能说，这个得让读者从我的这些短文中读出来。

我是一个纯粹靠写作为生的人。16年来，我的每一分钱都来自于我的文字。我的文字就是我的灵魂的化身。虽然我从不反对别人用身体写作，但用灵魂写作却是我的最基本的信条之一。我想任何时候，总是有人会特别看重灵魂的，尽管在目前的中国，那些人不能构成一个具有购买力的市场。

我想哪怕永远都只有极少数人欣赏我，喜欢我，那也值得我这样去做。在这里，我要特别感谢《湖北日报》三度采访我的高级记者朱学诗先生，他"发表"在网上的许多话，给了我极大的鼓励："我的记者生涯中，采写了数百上千人，至今难忘的难有十人，其中就有陈大超；钦佩的人，有七八人，其中就有陈大超；引为我的楷模者，仅有三两人，其中就有陈大超；值得向我的学生推荐、一代代传播下去的，就只陈大超。我对采访对象深感愧意的，也只有陈大超——我曾经整理（和学生一道）他的文稿，并夸下海口'公开出版'，却未能找到'识货'的出版社。"

到这本书出版的时候，我已有7本书面市了。我要感谢的人很多——可以开出一个长长的名单。这个名单，以后再开吧。我相信一个活得很认真很可爱很有尊严的人，他自然能得到他人的深切关注与无私帮助。那些人，既存在于你的身边，也存在于这个世界上的任何一个角落里。哦，我总喜欢跟我的女儿讲：公正自在人间，关键就看你自己怎么做！

目录 contents

第一辑 磨砺自我,积蓄能量

不幸,其实也在帮助我 / 3
就是喜欢躲在背后下苦功 / 6
赤身裸体住"火屋" / 9
看不见的"区别" / 13
守住一盏孤灯 / 16
灭掉自己的"气焰" / 19
编辑给我起笔名 / 22
正确理解"好心肠" / 25
没人夸我有"智力" / 27
我的"独自上场" / 30
有些方面,真不能随遇而安 / 33
改变别人的"不喜欢" / 36

"坚持"的背后 / 39
做一个不能买半票的学生 / 41
我有我的"成功观" / 44

第二辑 人生必须有取舍

人生必须有取舍 / 49
我的"四十不惑" / 52
当姓名变成了账号 / 55
比稿费更重要的 / 58
做一个珍视"荣誉"的人 / 61
必须管好"注意力" / 64
没有奖金的"自由" / 68
活在自己的爱憎里 / 71
绝路与活路 / 74
感受"生活来源" / 77
咱不羡慕你的"轻松" / 80
活出"优秀感" / 83
把自己当作一条野蚕 / 86
卖文为生的尊严 / 89
我的生活没"级别" / 92
死也不接受落后的东西 / 95
我也是靠有想法的人养活着 / 98

肚子写不空的"秘密" / 101
我的想法一点也不狂 / 104
自由与枯枝 / 107
我有一个劳动人民的脑 / 110
如何让人对你说"没关系"？ / 113
再说一次不后悔 / 116
小钱也能赢得笑脸 / 119
假若有人拍卖我 / 122

第三辑 没有规矩不成方圆

不能让心里落满悲哀 / 127
人到底应该露什么脸？ / 130
谁动了我的"著作权"？ / 133
我要享受一颗完整的太阳 / 136
我总是想得很简单 / 139
这个世界不能没有边 / 142
保住"信念"才有一切 / 145
我哪里想当什么"英雄" / 148
必须找回的快乐 / 151
给无视我合法存在的人补课 / 154
必须享受到"法理"上的尊重 / 157
高贵，只与法律有关 / 160

我不会后悔活得太认真 / 163

第四辑 好好做人，永往无前

学会做个有趣的人 / 169
善待"讽刺"自己的人 / 172
那些曾经被我看轻的赞美 / 175
不能老是和原来一个样 / 177
岂能自己漠视自己 / 179
尊重容易被忽视的人 / 182
我的意见很重要 / 185
别在我面前亮身份 / 187
不想隐瞒我的蔑视 / 189
我，比朋友重要 / 191
不要屏闭他人的人生亮点 / 194
有敬意，才拜年 / 197
什么样的人在我心里有分量？ / 200
头发与想法 / 202
"面子"压不弯我的笔 / 205
做人的快乐在做"人" / 207
有种爱是装作不心疼 / 209
唯一需要"确认"的 / 212
坏运气是来检测我的 / 214

尊重普通人,就会"不普通" / 217
看重"心灵存折"上的财富 / 219
你让我摸,我偏不摸 / 222
把"最坏"的生活过好 / 225
永远是自己的问题 / 228
被我放弃的"财富" / 231

第一辑

磨砺自我,积蓄能量

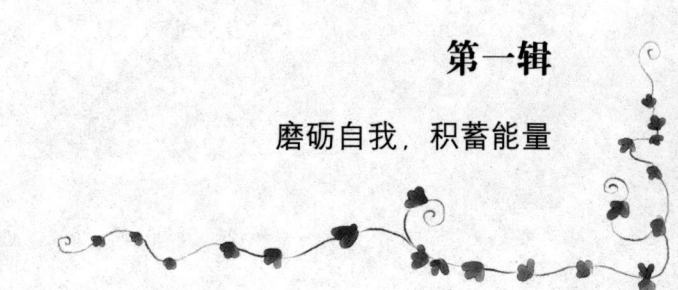

不幸，其实也在帮助我

读小学三年级的时候，听一个同学吹笛子，觉得小小一截竹管，钻上那么几个小孔，就能吹出那么美妙悦耳的声音，真是太神奇了。于是也买来一根竹笛，学着吹起来。我买的第一支竹笛，才花了一角七分钱。一连几天，我都没法把它吹响。当我终于把它吹响时，我曾在心里暗想：这一生，我一定要成为一个吹笛子的高手！从那以后每天都吹呀吹，吹到读初二年级时，终于买到一本《笛子吹奏法》，一看，竟然傻眼了！

原来这书上说，要把笛子吹好，不仅要手指头非常灵巧，而且舌头也必须非常灵活。手指头灵巧还可以练，而舌头灵活则须有先天的条件：舌头要长而尖。我对着镜子一伸舌头，完了！我的舌头是又短又厚，哪里有什么尖？那一刻，我觉得我是这个世界上最不幸的人。一连好多天，我都沉浸在这种深感不幸的痛苦之中。嗯，难怪我说话的节奏特别快呢——每次语文老师点我起来读课文，我站起来，舌头直弹，哒哒哒的像打机关枪，一下子就读完了，弄得老师和同学们直眨眼。有时老师让我再读一遍，我仍然是站起来哒哒哒一通。

原来，这都是舌头太短太厚造成的啊。

这也是我普通话说得不标准的原因。好些音都发不准——舌头到不了位。现在，它又成了我再怎么下苦功也成不了笛子演奏家的原因。

那就学习写作吧。好在我也喜欢写。我们的俞老师（初中和高中时的班主任兼语文老师），也总爱把我从不打草稿的作文，当范文在班上念。于是我把更多的时间，都用在写上面了。当下放知青写，当了铁道兵还是写。正是在当铁道兵期间，不幸，又一次降临到我头上。那是我在隧道里施工，一块钢制的模板从隧道顶部掉下来，恰好劈在我的头顶上。咚的一声，站着的我，一下被劈得跪在了地上。我头上的安全帽，被钢板劈出了一道深深的"V"字型的深槽。如果不是安全帽代我挨劈，我的头一定被劈成了两半。但那巨大的冲击，还是让我付出了代价。我的记忆力，从此变得很坏，常常是刚刚走出电影院，就把电影中美丽的女主角的名字给忘了。

那是改革开放之初，那时候人们写文章，以文章里大量摘引名人古人伟人的锦言丽句为美。那样的文章也特别容易发表。可是那些锦言丽句我一句也记不住。我写文章，只能老老实实地用我自己的语言说我自己的话。这样的文章，一年里写上百来篇，只能发表一两篇。当时我真是羡慕那些能够强闻博记的文友啊。可是现在，他们却开始羡慕起我来，一个文友还说："你的悟性可真是好，你那么早就知道写文章要用自己的语言说话，而且还能持之以恒地坚持到现在。"我笑着说："我哪里是悟性好？我是怎么也记不住那些锦言丽句呀。"他听了我的那个钢板掉在头上的故事，竟然说："好，那个钢板是老天专门派来帮助你的，帮助你拥有未来！"

遇到一个曾经在县剧团工作的人，他竟然也说我的舌头"幸亏是又短又厚"，说："你吹笛子，就是吹成了全县第一又怎样？你就是好不容易吹成了第一，还没等你进县剧团，县剧团就垮掉了，可是你写作，你现在居然能靠它养家糊口！所以你千万不要后悔自己没有成为一个吹笛子的高手，而且你还要庆幸你的舌头恰好是又短又厚，让你及时把学习吹笛子的工夫用在了学习写作上。"

怎么回事？怎么在别人的眼里，我的这些不幸竟然成了我的"好帮手"？

或许，这世界上有许多不幸真的是来帮助我的？既是对我的人生信念和精神能量进行检测，也是对我及时调整追求方向、修改奋斗目标提供契机？我想我真的应该这么想呢，如果我真的能够这样想了，那么我不仅不会在新的不幸袭来的时候张皇失措，怨天尤人，说不定我还会虔诚地面对苍天大地，镇定地露出一种会心的微笑。

就是喜欢躲在背后下苦功

2011年初夏,回到老家南漳的我,特意到我小时候生活的那个梁家巷看了看。那里留下我很多记忆,特别是,留下很多人说我笨的记忆。

记得小时候,小伙伴们在一起玩捉迷藏,有时候别的小伙伴们都偷偷溜回去睡觉了,我还老老实实地藏在一个地方让人来捉。我在那里等啊等啊,一直等到天快亮了也没人来捉我。我心想,不是说好了要把每个人都捉到了才能回家睡觉嘛,那我就再等等。这事让人知道了,大家都说:哪个像你这么笨!

也是小时候,有一天傍晚,我被一帮小伙伴从戏院的后门带进去,说:"趴在凳子底子,等别人清过场后,就可以出来看戏了。"说他们就是这样看戏的。县剧院的后门,就通着我们的梁家巷,我们这些小家伙,从后门里溜进剧院,非常方便。

待天黑下来,果然有人进来清场,只听得有人喊:"出来!出来!趴在凳子底下的人都出来!我看见你们了!你!还有你!都出来!"我立刻从凳子底下钻出来,被别人清了出去。

后来小伙伴们说我：你真笨！他是瞎咋呼的，我们在暗处，他根本看不见！

读四年级时，跟同学们去打柴。有一次，我居然把一截几乎有水桶粗的树桩砍了回来。同学们笑着说：这么粗的树桩，你砍又难得砍，砍回去又难得劈，这样烧起来也很不方便。自然，又是说我笨！

被人说笨说得多了，我就不敢去做任何投机取巧的事，更不敢去干那些乱中取胜的事。因为没有积累这方面的信心——不相信自己可以蒙混过关，更不相信自己可以侥幸取胜。于是我变得更老实，更本分。

好在我是一个不服输的人。为了在很多方面不输给别人，我开始一个人躲在背后下苦功。

我下苦功练拳头，练得班上再没有人敢欺负我；我下苦功练笛子，练得可以上台表演（当然，只是在班上、单位里表演，再大一点的台，打死也不敢上了）；我下苦功练画画，练得可以把老师、同学画得惟妙惟肖；我下苦功练理发，练得不仅可以给部队的首长理，而且还可以给自己理；我下苦功练写作，练得可以辞职回家当自由写作人。

俗话说功夫不负有心人，这话没错。问题是，你得有一颗不怕人说你笨的心，你得有一颗一定要靠真本事取胜的心，你得有一颗坚信只要功夫到铁棒也能磨成针的心。

这个世界好就好在：没有人不让你躲在背后下苦功。呵呵，你在背后下苦功时出的丑，受的罪，别人很难看得见。

嗯，现在见了过去的老同学，童年的小伙伴，他们仍然喜欢拿我小时候的笨寻开心。他们说到有趣处，会笑得直不起腰。他们笑，我也笑。他们笑够了，竟然说："其实你是

最聪明的，连你出的书，都是教别人聪明的。"

生活真是幽默，曾经那么笨的我，竟然一连出了两本《聪明的最高境界》——都是拿稿费的。

虽然没人说现在的我笨了，但我还是喜欢把自己当作一个笨人，还是喜欢一个人躲在背后默默下苦功。

赤身裸体住"火屋"

在 1998 年前的那几年,我们一家三口,从学生们住的筒子楼的一楼,搬到了教师们住的新式楼房里,是个一厅二室的套房。应该说,比起过去的那种一间厨房加一间住房的居住条件来,哪怕这还是别人搬走后腾出来的旧房,我们也感觉住在里面不再那么窝囊了。呵,窝囊,房子带给我的窝囊感受太多了。只是,我从不把所谓的窝囊当回事。无论任何时候,我想的都是只要能写作,就行。

只是没想到,我们住在三楼,而三楼就是顶层——夏天的那种热啊,我现在想一想,都要硬紧头皮。那真的需要非同一般的意志才能忍受。好在,那种难以忍受的热,我们一家三口,就我一个体验到了。

那几年盛夏,只要待在我们住的这套房子里,我一闭上眼睛,就仿佛自己是置身于一片烈焰之中。我也就把我们住的房子,形容成"火屋"。

住在"火屋"里,好像从电扇的叶片上落下来的风,都是一片片灼人的火焰。我就一次次用毛巾往铺在地下的席子上拧水。拧了水稍稍抹一下就躺下去继续睡觉。睡不一会又

好像四周有火在飘,我又不得不爬起来往席子上拧水。为了能管得长一点,拧了水我就直接躺下去。一丝不挂地赤身裸体地躺下去。身子从上到下,都感到一片湿叽叽的凉快。只是这片凉快很快就像遮住烈日的云彩一样飘远了。

就这样爬上爬下的,有时一晚要折腾十几次。那间火屋不仅处在顶层,而且还是西晒。这是我妻子他们学校最先建的套房,我们住的时候已经很落后了。同事们见我热得身上布满了红刺刺的痱子,就说连美国许多四季如春的地方都热死了人,你怎么还不买空调啊!我说空调买了,但它得安在我岳母那边。我的岳母是个病号,她更需要空调。而再买一个空调,我们又实在拿不出钱来。

为了坚持我的写作,我在岳母那边一吃完饭就回到我的火屋里。在那边又是保姆又是病人又是孩子,我的心绪很难保持在一种写作的状态。天气热,我可以把双脚泡在水里写,可以躺在洒满水的席子上想问题——哪怕只想到一点点新鲜的东西,都是一种收获。哪怕每天只有一点点收获,我这一天的生命都没白白度过。

我觉得对于我来说,有这种不受人干扰的"火屋"让我住在里面写作,就已经是我的福份了。在当下放知青的时候,我们知青林场的二十多个人,都住在山顶上的一间大"土巴壁子"里,外面下大雨里面下小雨,外面下大雪里面下小雪,外面很安静里面很吵人。从那时起,我就开始每天在煤油灯底下写一篇日记。实际上是写一篇记事散文。有时一篇日记长达两三千字。在青海打隧道的时候,我睡在每人只有四十公分宽的通铺上,每天只能蒙在被子里用手电筒照着练习写作。在安陆当工人的时候,我曾住在处于公路和铁路交叉处的集体宿舍里,每天晚上的梦都要被火车轮子和汽车轮子辗得粉碎,但就是这样我也能在别人下棋打扑克的闹声中坚持看书写作。

那套"火房",可是当时我住过的有生以来的最好也是最宽敞的房子啊!就是热得大汗淋漓又有什么了不起呢?有朋友开玩笑,说我住在这间火屋里有"火"——发表的作品越来越多,并且每年都能得好几个奖。

实际上,是我心里憋着一团火——像火一样燃烧的写作激情。岳母去世后,我们搬进了岳母住的不是处于顶层的房子里,而且接着又在一间房里安上了一台窗式空调。夏天最热的时候,我就呆在开着空调的房里写作。外面酷热难当,我却能拥有一片小小的阴凉。我觉得写作没有亏待我,生活没有亏待我,而我更不应该辜负这一片小小的阴凉。

2013年,我们家搬进了更好的住房。建筑面积140平米,4室2厅。我也终于有了自己独立的书房。

得知我终于有了自己的书房,深圳的一位朋友在邮件里说我一定会由此实现写作上的"井喷"。我却不同意他的这种说法。我说任何时候,任何条件下,我都只会按照我的特有心性写,按照我的心灵冲动写——离开了我的特有心性和心灵冲动,给我再好的书房,我也写不出一个字。

我认为一个人要写出好作品,首要的条件不是取决于他有着一个什么样的书房,而在于他有着一个什么样的心房——即他有着什么样的内心世界。有一个好的心房又有一个好的书房,那当然再好不过了。如果没有一个好的书房,甚至是根本就没有书房呢?那就只能把自己的心房打造得更加鲜活更富激情。

人生必须有取舍

古往今来,在没有书房的情况下,仅仅凭借着与绝大多数人的命运息息相关血脉相联——与人类进步的潮流紧密跳动在一起的心房,就写出了惊世之作传世之作的诗人作家,大有人在!

看不见的"区别"

"那时候在一起，真看不出你和我们之间有什么区别，没想到你现在取得了这么大的成绩。"到一位一同在青海打过隧道的战友家里去玩，他在给我泡过茶之后，坐下来说。我淡淡一笑说："只是喜欢写写，哪里谈得上什么成绩。"

"你要是成绩不大，市电视台能宣传你？省报能用那么大的版面介绍你的事迹？"战友说得很认真。过了一会另几位战友来了，他们也说到那时候我们之间"几乎没什么区别"，"都是差不多的水平"，所以我现在取得的成绩，就叫他们"想不到"，"真是叫人想不到"。

嗯，我们之间，真的没有区别吗？他们这一说，反而叫我在心里寻思起我当时跟他们的"区别"来。

我们都是同年入伍的铁道兵，同是分在施工连里打隧道，有了空余时间，也都喜欢打球、下棋、打扑克，文化程度呢，也都差不多——或许他们正是看到这些相同的地方，才认为我们当时没有什么区别吧。

但人与人之间的有些"区别"，他们是看不到的。譬如我渴望当一名军官的志向一破灭，我就很快产生了"吃尽人

间千般苦，写出世上万古书"的志向。写出世上万古书，对我来说虽然是不可能的，但一个人有没有一个远大的志向，对他整个人生的影响，绝对会不一样。

正是有了这样一个志向，我才能每天都在熄灯之后，把自己蒙在被子里，用手电筒照着看书、做读书笔记、写些现在看起来非常幼稚的诗文。一蒙就是一两个小时。高原本来就缺氧，这样蒙在被子里就更是憋得人难受，所以每天晚上，从我身上冒出的虚汗，就要湿透半条床单和一条枕巾。

这样的用功，他们当然看不见。连同班的战友都不能让他们看见。不然，班长是会狠狠批评我的。这可是违反规定的事。在部队，熄灯之后，必须好好睡觉。铁道兵的管理，跟其他部队一样严。

当时的用功，也只是打基础，我投出去的稿子，全都是废品——自然也发表不了，所以表面上看起来，我确实和别人没有什么明显的区别。我也不能说我与别人有区别。——我能说"我有一个远大的志向而你们没有"吗？这样说只能让人好笑。

但正因为我有了这个与人不同的"区别"，我才一天天地愈来愈明显地和其他人区别开来，就像一列沿着另一条铁路前进的火车，它在出站的时候，也许和别的火车的距离看起来很小很小，但是愈往前走，他们的距离就会越来越大。

我这样说，并不意味着比起我的那些战友来，我有多么了不起。我现在和他们之间的距离，就是多么的大了。我只是想让自己意识到——也想让其他的人意识到：人与人之间的最终差异，包括单位与单位、国家与国家之间的最终差异，最终距离，很可能都是由一些看不见的差别决定的。

同时我也想到，让人的肉眼很难看到的志向与理想，文化与信念，最初的时候也许只是一些埋在一个人（一个单位、一个民族）心底里的种子，但只要一个人（一个单位、一个民族）顽强地不断地创造条件让它萌芽，让它生长，它就会慢慢地长成一棵小树，又慢慢地长成一棵大树，并最终开出让人看得见的花朵，结出让人看得见的果实。

守住一盏孤灯

"上个月我曾去墨西哥参加世界诗人大会。那十几天我见到不少世界上来到墨京的作家,大家说到最后,都是一个结论:写!没有写出来的,不是文学。任何作家如果守不住一盏孤灯,那就完了。"痖弦先生在信中写给我的这段话,让我思之良久。作为著名诗人和著名编辑家的痖弦先生,虽然退休好几年了,却仍然一往情深地痴爱着文学,关爱着我们这些文学晚辈。

自从十多年前,我向当时任台湾《联合报》副刊主编的痖弦先生投稿并请教,他对我一直是有信必复。这些年来,他多次鼓励我在写作这条路上"坚持下去",说写作虽然不能发财,但却是一件很有尊严的事,而且特别能显示生命的价值。现在他又告诫我"任何作家如果守不住一盏孤灯,那就完了"。

其实,自从爱上文学,我桌上的那一盏孤灯,就一直成为陪伴我时间最长的亲密伙伴。从青海退伍回来,我已经是二十三四岁的人了,没有恋人的我,每天晚上,就只能是跟桌上的台灯待在一起。是台灯,用一汪清辉追随着我在文字的崇山峻岭中孤身跋涉。不,这话应该这样讲,正是决不让自己跑去找人打牌、下棋、闲逛的我,才让桌上的那盏台灯,成为没有人守护的孤灯。

后来谈恋爱了,结婚了,每天晚上,我仍然会在台灯下守到很晚。没想到,我的这种坚守,竟会对不少学生产生了影响。那是我调到孝感后,住在妻子所在的学校里,我窗前的那盏孤灯,因为每天晚上都是别的灯都熄了它还亮着,它也在许多学子的心目中,成了"刻苦""勤奋""进取"的象征,并吸引着一些爱好文学者走到我的身边,成为让我获益多多的文朋诗友。有的人,竟然成了我一生的朋友!

他们中,也有人将文学当作了自己终生的追求,他们的桌前,也亮起了一盏照耀着他们的美丽梦想的孤灯。

哦,从某种意义上说,文人桌上的那盏孤灯,其实并不孤,它们从历史的深处,一盏接着一盏地亮下来,或者说一串接着一串地亮下来——只要你闭上眼睛想一想,这一盏盏一串串的文人桌前的孤灯,它们实际上已经构成了闪烁在人类历史上空的一条亮晶晶的银河系。

但是,人,毕竟是生活在现实之中的,虽然历史上的那一盏盏一串串孤灯,可以不断地从历史的深处透过来一些温暖和鼓励,但是来自现实生活中的形形色色的诱惑,却更生动更炫妙也更强烈,特别是那些来自俗世的嘲讽生存的压力失败的打击还有自身的堕性,更是常常在暗处使出种种力量和手段,从各个方向各个角度,动摇着你坚守那一盏孤灯的信心、耐心和恒心。

也就是说,守住那一盏孤灯,首先是一个抵御诱惑经受考验坚定信念积蓄能量的过程。在这个过程中,你的人格必

须是一天天走向健全,你的思想必须是一天天变得敏锐,你的精神必须要长成一棵根深叶茂的大树,你的情感发出的声音必须是能够引起越来越多的人的共鸣,你的品质必须变得纯粹而高贵顽强而坚韧。

也只有在这样一个过程中,坚守着那一盏孤灯才有价值,才有希望,才能源源不断地写出好的作品来,也才能让自己不断地焕发出人生的光彩,展现出夺人的魅力。

灭掉自己的"气焰"

在路上碰到一个人,开始还说得我抑止不住想笑——他说"你还真有才华呀,到处都能看到你的文章啊",但是接下来就说的我的那些还没来得及钻出脸皮的笑,立刻僵死在脸皮里面。

他说什么呢?他说他真正希望看到的还是我能写出砖头厚的长篇小说来,说那才是真正有份量的东西,是一个作家真正应该拿出来给人看的东西。

呵,这不是等于说,我以前拿出的都是不应该给人看的东西?不,人家不是这个意思,人家的意思是说我虽然发表了这么多的短篇诗文,但却并不值得骄傲。

记得前好些年,也是有人在赞美我的小文章的同时,希望我早日写出中篇小说来,说文坛上真正看重的,还是小说,一个搞写作的,至少要能发表中篇小说啊。等我中篇小说发表出来了,那个人再见了我,反而嘿嘿一笑,不置一词了。

这种情况遇到的多了,我也就恍然领悟到:原来人家并不是要鼓励、激励我写出中篇、长篇来,而是要用中篇、长篇来"压"我的小文章,要以此证明我并没有什么了不起。

人生必须有取舍

是呀，一个人如果身上有一种自以为了不起的心态或神态，那是很伤人的呢。日常生活中，人们为什么不乐于跟那些以为了不起的人打交道？就是那种自以为了不起的气焰，是很能伤人自尊的啊。

好在现在的我，已经把自己身上的那种气焰灭得差不多了。

也许，刚开始学习写作的时候，那个今后要做一个如何如何大的作家的梦想，还使我走起路来飘飘然的轻狂过那么一阵子，可是随着自己涉世日深，学到的东西越来越多，那个梦想早破灭得在我身上寻不着一丝痕迹了——不然我的心境哪里会踏实得没有一天不安宁？

当然，我的踏实的心境别人是很难看得见的。所以尽管我早把自己混同于"普通老百姓"了，别人也仍然要防着我暗藏了一副了不起的神态来伤人，别人也就会预先拿出我写不了的东西来灭灭我的气焰，让我乖乖地把尾巴夹紧些。

除了中篇、长篇，还有出书，也是有人用来灭我气焰的一个很好的武器。自然，在写这篇文章的时候，我也是没有出过书的。在不少人看来，搞写作的人不出书，也等于没有搞出什么名堂。没有出过书的人，自然也更没有什么了不起的。记得参加一个聚会，一位朋友说我如何能写，在场的一位老板轻声问我："那你出过书吗？"见我说"没有"，他的脸立刻就冷了。

对于所有这些灭我气焰的做法，不论是更委婉一些的还是更直露一些的，我都能理解——至少，人家这样做，在客观上对我有好处。一个人身上的那种自以为了不起的气焰，如果不能被灭掉，不仅他不能成为一个受到社会大众欢迎的人，而且也不利于他拥有一个良好的心态来建设自己，发展自己。

如果一个人能够学会自己灭掉自己身上的气焰，主动让自己变成一个谦虚的踏实的对自己有一个清醒认识的人，那就更好了，那就会让自己变得更明智一些，更大度一些，也更不容易受干扰一些。

我想，或许这些年我正是这样去做了，我才在跟那些用各种方式灭我气焰的人打交道时候，既不感到那么难受，也不会因为听不出别人那些话的意思，真的去离开自己现有的能力和条件去写"砖头"去出书。

做一个能够自己灭掉自己气焰的人，实际上就是做一个能够认清自己的能力并且沿着自己的能力一步一步往前走的人，实际上就是做一个保存了理想抛弃了梦想处世温暖而不狂热的人，实际上就是做一个清醒智慧地对待自己真诚善意地对待他人的人。

编辑给我起笔名

我原来投稿,是从来不用笔名的。表面上说起来是男子汉大丈夫,行不改名坐不改姓,胸脯拍得咚咚响,实际上是舍不得放弃任何一次出名的机会。在我看来,写作就是给自己做广告。给自己的真知灼见做广告,也给自己的名字做广告——使自己的名字在人们的心目中,拥有足够的信誉和魅力。

名字有信誉了,人就有信誉了。名字的信誉,不仅可以让名字走得更遥远,而且也可以活得更久远。为了让自己的名字出名,为了让自己的名字产生足够的信誉,我在学习写作的过程中,忍受了无数次的失败。至少有一千篇稿子投出去没有消息。但现在,我在海内外数百多家报刊上发表的各类作品,少说也有两千篇了。

有意思的是,我的稿子发表不了的时候,有人说我"编辑部里没关系";我的作品不断发表的时候,又有人说我"编辑部里有亲戚"。

我在《孝感日报》得奖说我在《孝感日报》里有亲戚,我在《湖北日报》得奖又说我在《湖北日报》里有亲戚。记得 1991 年我的一篇杂文在《湖北日报》举办的全国征文赛中一举夺魁——获得特等奖，我去领时，该报社的社长开会前特意笑着问我："陈大超，你说说你在我们报社，哪个是你的亲戚啊？"见说得我一头雾水，他接着说："你得这个奖，连我们报社内部，都说你在我们报社有亲戚呢。"还说："得奖的人中，就数你的年龄最小，所以就有人怀疑你这个奖，肯定是有关系的。"

有一段时间，我在广州的《现代人报》连续不断地上稿，又有人说我《现代人报》里有关系。接下来，我在台湾的《皇冠》、《中外文学》、泰国的《新中原报》、美国的《世界日报》也能经常发稿，居然有人又说我海外有关系。

呵，有些报社的领导居然收到了告状信，也有些读者直接给我写来讽刺信。我觉得好笑。但是，可以理解啊。正是在这种背景下，有些编辑便叫我再投稿时，"请给自己准备几个不同的笔名吧"。我却依然我行我素。

应该说我确实遇到了许许多多的好编辑。他们根本不在乎你是不是他的亲朋和故友，他们只在乎你的稿子写得棒不棒。他们都是一些一见好稿就眉开眼笑的人。他们一发现你还不错，就给你写信，给你寄名片，给你打电话。你也就深受鼓舞，暗自得意，写作的劲头也就更大了。

但我很快就冷静下来。其实我一直就没有糊涂。有一千篇失败的稿子垫底，我知道我唯一的希望就是尽全力提高自己独立思考的能力，和"下笔如有神"的能力（现在还没有"神"）。也就是说，我所有的希望都在于稿子质量的提高上。

至于编辑，我只依靠他们的良知和公正，依靠他们对事业对读者的忠诚。应该说，绝大多数编辑都是具备这些品质

和素质的。

　　然而编辑却怕有些读者瞎提意见。为了尽可能地不让人产生误解，他们就要想办法避嫌。这样以来，就有编辑自作主张地给我起笔名了。于是我就有了"肖干"的笔名——因为我住在"孝感"；于是我就有了"程钊"的笔名——"陈"和"超"的谐音；于是我就有了"陈笑"的笔名——我女儿的曾用名。还有两个远隔千里的编辑，不约而同地给我起了一个"阿超"的笔名，听起来真是很亲切的。香港《大公报》的编辑，还给我起了一个"大钊"的笔名。

　　我当然感谢编辑的好意，但我更理解编辑的苦衷。后来我自己就给自己起了一个"随薪"的笔名。哦，我小时候，是有一个"随心"的小名的。使用这个笔名，常常让我想起我的童年，想起我的老家南漳。

正确理解"好心肠"

"真不忍心对你的文章下毒手。"一位编辑从网上退稿时说。说得我的心弦一动。

这位编辑是赏识我的,她原来曾为我编发过不少小小说。她调到了一个时尚杂志后,又约我写时尚稿,但我寄的几篇文章总不够"时尚"。左右为难好一阵子,她便说出不忍对我下毒手的话来。

但她还是下毒手了。因为她不下别人也得下。人家的刊物是要拿到市场上卖的,卖不出去是要亏本的,因此每一篇文章都得有一个很好的"卖点",每一篇稿子都有好几个人把关。

这使我想到这样一个问题:在这个一切都必须面对市场、一切都必须对市场负责的时代,某一个人的心肠软根本作不了数,许多情况下,它顶多只能给你传达一个温馨的信息,给你带来某种安慰罢了。在日益完善的市场机制面前,好心肠的"威力",肯定是正在日益减小。

记得二十多年前,很多文学青年都喜欢传说这样一件事:一位初学写作的小青年,连续往某报社投了上百篇稿件,自

然,这些稿件都是达不到发表水平的。不过,他的"顽强进取"的精神,却终于感动了一位好心肠的编辑。那位好心肠的编辑,也终于将他的第一百零三篇来稿发表了——尽管它仍然达不到发表水平。那位作者是不是因为受到了如此鼓舞,如此激励,从此就能写出可以发表的作品来了?就能让自己梦想成真成为一个"人类灵魂的工程师"?这个倒是没听说。

我们听说的是那位编辑的软心肠,激起了更多写作人的热情,他也因此收到了更多的来稿。一位从省里请来的作家,在给我们讲课时也特别说到这件事——以此鼓励我们千万不要放弃,说只要不断地往外投稿,时间长了,自然会遇到好心肠的编辑,只要遇到了好心肠的编辑就好办。

二十多年后,我认识的一个痴迷写作的人,说他一连往一家报社投了三百多篇稿件,也没发表一篇。"那个文学青年投了一百来篇就遇到了好心人,我怎么投了三百多篇还没遇到呢?"他曾这样问我。

当时我也觉得奇怪,但是现在我可以这样回答他了:"因为现在的报社面向市场了,讲效益了,好心肠的人,更多地把好心肠用在编发让读者满意对市场负责的稿件上去了。"

我觉得不论是搞写作的人,还是从事其他当行的人,能够及时明白这个道理,是非常重要的。

当我们投稿屡投不中的时候,当我们的产品很难推销出去的时候,当我们找人办事总是被拒绝的时候,我们千万不要轻易得出这样的结论:"现在的人心肠都变硬了","如今的人都不重感情了","人们越变越冷漠了"。这样的结论,只能让我们更糊涂,更加跟不上时代的发展与进步。

没人夸我有"智力"

2007年路过襄樊,见到一帮阔别多年的小学同学,几个男同学轮流说着我小时候的笨与傻,说得大家哈哈大笑。"陈大超,你还记得吗?有一次放学路上,突然下起雨来,我忙跑到你的跟前跟你一起走,我把你的手臂搭到我肩上遮雨,你一点都没意识到,结果你的整条袖子都湿透了,我的肩上却是干的。""陈大超,你还记得吗?有一次,我们打着玩,你说你要高粱秆子,我说我要钉钯,结果我一钉钯挖在你的额头上,当时就把你挖得血流。"……

我心想:怎么三十多年没见面了,一见面就拿我的这种事来开心啊。但大家笑我也笑。我想起我安陆的同学也是这样对待我的。记得我谈恋爱的时候,我的一个高中同学,不仅特别喜欢当着我女朋友的面讽刺我挖苦我,而且还特别喜欢把我的种种被同伴们捉弄的趣事讲给她听。我还想起那些一起下过放的知青伙伴们,只要碰在一起了,也是喜欢这样拿我开心。

没想到,我曾经做过的那些蠢事与傻事,竟然娱乐了这么多人,给这么多人带来了快乐。嗯,从这个意义上说,我

已经给世人做出贡献了。

唉,在好长的时间里,女朋友都是喊我"陈大傻"。我想,这或许是一种昵称吧。可单位的同事喊我"苕大超",也是一种昵称吗?我有点不懂。不懂也不愿多想。我想他们怎么看我那是他们的事。他们就是把我视作这个世界上最傻最笨的人,我也不会说他们不对。

记得有个同学有一次竟然跟我说:"陈大超你相不相信?我的智力至少比你强三倍。"我立刻一本正经地点头,说:"相信,我相信。"这话他虽然是在酒桌上说的,但我并不认为他说的是酒话。

无论如何,我不会跟人说:"不,我的智力比你强!"无论如何,我也不会把我的那点可怜的智力,用在跟别人比聪明——比智力上。就像别人,无论如何,也不会把我的智力当回事,不会夸奖我是个有智力的人。

真的,从小到大,就没有一个人夸奖过我的智力还不错,哪怕后来我在文学上多少取得了一点成绩,让一些文朋诗友见了面不得不赞美我一下,人家的赞美,也都是极力地回避着(或许还是否定着)我的智力:"真是佩服你的毅力啊,你居然能够默默地坚持这么多年!""你的勤奋真是值得我学习!我要是能够像你这样勤奋就好了!""你身上的那种顽强精神,那是很少有人比得上的。"

奇怪的是,有些人一方面喜欢嘲笑我的智力,一方面又喜欢在关键时刻,把手里的选票投给我。在学校读书的时候,是投票选我当班长;在知青点的时候,是投票选我当组长;在图书馆工作的时候,是投票选我当馆长。当然,他们投票给我的理由,是他们觉得我这人"诚实""正直""认真""厚道""执着"。

假若那些时候,我跟他们说我是最有智力的人,你们投票给我吧,他们手里的票,也许就投给别人了,同时还要对我嗤之以鼻。

我知道,像我这样的人,我一说我有智力,我就是在犯傻。我发现,这世界上的人是极不情愿承认别人有智力的,也是极不情愿赞美别人有智力的(除非你是神童,或历史上的伟人)。相反,他们倒是极喜欢开贬低别人智力的玩笑,而且他们在开这种玩笑的时候,还特别喜欢添油加醋、做出无比夸张的表情——尽可能把别人说得傻一些、笨一些、蠢一些。似乎只要这样,才能证明他们比别人有智力似的。

存在于人们身上的这种特性,是很容易让我这种缺乏智力的人犯糊涂的——让我全面怀疑甚至彻底否定自己身上那仅有的一点智力,成为一个自卑自怜自暴自弃的人。好在我的智力再差,也没差到连"水滴石穿""绳锯木断""遵守规则以诚取信是世界潮流"这样的道理都不懂的地步。好在我还固执地认为,那些被某些人视为与智力无关的"毅力""勤奋""顽强""认真""厚道""真诚""正直""执着",本身就是智力的代名词!

我不能说我的这种"固执"是对的,但正因为有这种固执在心里垫底,我才能做到别人笑我傻笑我笨的时候,我也跟着笑,跟着乐,然后背过身来,照样一丝不苟地一往情深地做着自己该做的事。

人生必须有取舍

我的"独自上场"

针对李娜出了一本书名叫《独自上场》的自传,有记者问她:"这本自传为何叫《独自上场》?"李娜说:"在坚持梦想的道路上,很多时间你必须'独自上场'。当我走上球场,只有我一个人,教练、团队、家人都不可能在我身边,我要面对观众,面对裁判,面对对手,一切都只能靠我一个人,有时候一场比赛两三个小时,我不可能去寻求谁来帮助我,只能靠我自己去调节。无论输赢、荣辱,都要有独自承担的勇气,这就是我想说的。"

李娜的这番话,让我想起我的"独自上场",是连教练都没有的——当然,也没有一个团队,至于家人,他们不仅不能指导我,反而还爱阻拦我。"我看你别再写下去了,你要服从组织的安排,好好把拖拉机修好就行了。"有一天,父亲板起脸来,很严肃地对我说。那是我熬夜写晚了,偷偷地到厨房里把剩饭捏成饭团吃,被父亲发现了,他认为我熬夜太深,不仅会影响身体,也会影响到第二天上班。

他实际上是在爱护我。有时候,"爱护"也会变成一种阻拦。

爱护式的阻拦，我遇到的太多了。

那时候我听说，省级文学刊物的用稿比例，是六百分之一。也就是说，要六百个作者坐在一个考场里比赛，只有那个"考"第一的，作品才能发表。我便想，每天晚上我坐在那里写作的时候，实际上就等于是坐在600人的考场里参与竞争呢。——用李娜的话说，这也是一种"独自上场"。

李娜一次是跟一个对手比赛，而我，一次要与成百上千的对手比赛。

特别是，我不论是上场前还是上场后，都是没有教练来指导的。只有一些文学青年偶尔在一起交流一下。那时候追求文学的文学青年特别多。当然，大家追求的方式不一样。有一个身边的文学青年说："只要多看书就行。看书就等于是往一个瓶子里灌水，只要把瓶子灌满了，那溢出来的，就是你的作品了。"我不同意这种说法。我坚持着自己的"练笔、读书、观察社会"三位一体的追求方式。

后来证明，我的这种追求方式成全了我。

当然，我还是想要有个教练的。书上说的"诗言志""言为心声""真善美"之类，都太抽象，对于一个初学者来说，并不好把握。于是我给名家写信，寄稿，希望得到他们的指点。偶尔得到个只言片语的回复，也只是一种精神上的鼓励——可以当作往前奋斗的火把，但这种火把举在手里，脚下的路到底该往哪个方向上走，还得你自己去揣摩，去辨别。

后来我体会到，追求文学最好的状态，其实就是孤军作战的状态。你要向读者贡献出全新的观察，全新的感受，全新的思考，你就得特别看重你作为这样一个独一无二的生命个体的体验与判断，直觉与领悟，你反而不能把希望寄托在

"教练"的谆谆教导指手画脚上。也就是说,追求文学就应该是真正的"独自上场"。独自上场就得独自承担。

文学的成败荣辱,不是几个小时几个回合就可以决定出来,它甚至需要一辈子的追求、努力、奋斗,才能有个大致的眉目。写作者在这个过程中需要独自承担的,或许是终生的孤寂,清贫,甚至被人当成傻子和疯子。

最难的,或许不是孤寂,清贫,有人把你当成傻子和疯子,而是你能不能透过个人的体验与感受,生长出一颗足可将众多人的灵魂撞击得跟你的灵魂一起共振的灵魂;你能不能通过日积月累的苦练,最终磨练出足不出户就能扣开万千心扉的文字魔力;你能不能在历尽了人间的苦难饱尝了人生的艰辛之后,面带着心底的微笑提炼出足可让他人的情感得以净化让他人的精神得以升华的思想、智慧。

这样的独自上场,我还得继续独下去,永远独下去。

有些方面，真不能随遇而安

在一个论坛上注册了好几年，也时常上去发帖、跟帖，不过，直到最近，我才传上自己的一张照片作为头像。没想到一个网友很快跟帖说："哈，陈大超跟我想象的一样：积极乐观，随遇而安。"呵，还有人如此关注我。

既积极乐观，又随遇而安，这说法也挺有意思。只是，在"随遇而安"上，他了解我到底有多少呢？

应该说，他说得有一点对：在物质生活上，我确实是随遇而安的。

在物质生活上，再差的环境，再差的条件，我都可以吃得香，睡得着，过得下去。记得在青海当铁道兵时，我们是早上进隧道施工，晚上才从里面出来。中午的饭，是炊事班送进去吃。那条长达四公里名为"关角山"的隧道，地面上处处都是大便。我们吃饭的时候，就蹲在大便丛中。每次都吃得很香。睡呢，是一个班的人都睡在一张土炕上，每个人的铺位只有四十厘米宽。记得有个战友，打鼾打得特别响，一个刚分来的朝鲜族战士，晚上被他吵得睡不着，不由得坐起来冲他喊道："你的打呼噜的不要，我的觉的睡不着。"逗

得我险些笑出声来。

　　从部队退伍回来,好多次都是一根"甘蔗",那些最甜的部分,先后都一节一节落到别人手里,而我只能吃"甘蔗梢"。呵呵,"甘蔗梢",我也能把里面的汁全部嚼干,我也能嚼得津津有味。

　　这些年,我认识的不少人都住上了豪宅,开上了小车,过上了远比我优越的物质生活,可我内心深处,并没有产生多大波动。我骑着破旧的自行车上街,依然是神情坦荡,来去自如;我在我的不起眼的房子里吃饭睡觉,依然是有滋有味,香香甜甜。如果有人在这方面说我"随遇而安",不思进取,我一定虚心接受。

　　但是在精神生活上,我却是个敢于出众、绝不随波逐流的人。在青海高原,为了把自己和战友们,从比沙漠还要枯燥的业余生活中"拯救"出来,唱歌经常唱跑调的我,居然敢于站出来教全连的战士唱歌;最怕登台演戏的我,居然一口气编了二十多个文艺节目,还亲自登台演相声,演小品,演话剧。有一段时间,手抄本《少女之心》流行,好多人都在那里偷着抄,偷着看。有一天睡过午觉醒来,一扭头,发现有人把它放在我的枕头边上了。虽然四处没人,但我只看了一行就把头扭开了。这期间我看的是《反杜林论》《列宁的哲学笔记》《雪莱诗选》《艺术概论》等等让我受益终生的书。

　　参加工作后,有几年我住在集体宿舍里,同宿舍的人抽烟的抽烟,喝酒的喝酒,打牌的打牌——不论他们闹腾得多么快活,我都坚持不拢边,哪怕他们嘲笑我"不会生活",我也仍然一意孤行自得其乐地做着他们眼中的"呆子":只对自己的梦想微笑，只跟能与自己心灵相通的人肝胆相照。

一直到今天，我对我读的书刊，我对我看的影视，我对我听的音乐，我对我交结的朋友，我对我的情感表达，我对我的理想追求，都是非常苛刻的，容不得半点随随便便，得过且过。在这些方面让我随遇而安，那等于是把我的灵魂放在沙轮上打磨，我一秒钟都受不了。

好在人的精神生活比起人的物质生活来，有着更大的选择空间，更大的选择自由。好在决定一个人的生存质量和生活品位的，说到底，还是体现在他的精神生活上。

一个人要活得好，活得有价值，有些方面，无论如何不能随遇而安。

改变别人的"不喜欢"

突然接到一位战友的电话,他说:"总是看到你的文章,总是想起我们一起打隧道的生活,也总是想起我们一起钻研写作的日子,只是可惜,我因为别人的一句话,就轻易地把写作给放弃了。"说他早就下岗了,现在只是"勉强可以把肚子混饱",说他非常羡慕我,居然可以主动辞职,回家当自由写作人。

那是 1978 年 3 月,我和邻县的那位战友同时当上铁道兵,坐了五天四夜的闷罐子火车,来到青海高原。我们从不同的新兵连,分到关角山下的同一个连队。同为湖北老乡的我们,因为都爱好文学,联系自然就多了起来。有一天他说:"我们的爱好,不能光停留在看书上,谈论上,我们还应该写出自己的作品。"我完全赞同他的观点。

其实,我已经在试着写一些诗和短文了。这以后,我们便你给我的稿子提意见,我给你的稿子挑毛病,我们的写作水平,也在一点一点地进步着。没想到有一天他对我说:"我们班的人见我爱好写作,都挺反感的,他们还叫我注意点,说我们的那个大个子连长,最不喜欢写写画画的人了。"说他不敢再写下去了，怕影响自己的前途。

我却照写不误。当然，是晚上熄灯后把自己蒙在被子里，用手电筒照着写，是节假日休息的时候，自己一个人跑到草原上去写。

我们班的老兵，也说过连长不喜欢写写画画的人，说原来有一个兵，因为喜欢写写画画，连长在工地上见他干活没有劲，就说你把兜里的笔丢了，你就会有劲的。这个兵，因为连长不喜欢他，从此变得消沉起来，自己的爱好也不爱了，活也不好好干，后来就因病提前退伍了。

我想：连长是不喜欢在工地上干活没有劲或不使劲的人，一个人如果爱写写画画但他在工地上干活也有劲，连长恐怕就不会讨厌他的。

开始那半年，我干活也没有劲，连长也确实找碴子批评过我好几次。半年之后，我逐渐习惯了那种高强度劳动，身上的劲慢慢上来了，我在工地上也跟其他人一样"撒得起来"了，有时候自己干完了，还能帮着别人干。连长再看到我时，眼神也就柔和了，嘴角上还有赞许的笑意。有一次，全连集合时，他还当众表扬了我，说我这个喜欢写写画画的人，像个当兵的样子了。

又过了不久，我写的一个小稿，在《铁道兵报》发表了，连长看到后说："喜欢写写画画的人，就得像陈大超这样，既能在施工中撒得起来，也能写出点名堂。"在连里的理发员退伍之后，连长还把我调去当理发员，很快，他又让我当上"文化战士"，专门负责开展文体活动。两年后，连长要转业了，他还特意跟营里的领导说："陈大超是个可以培养的兵，今后有提干的机会，可以考虑考虑他。"

只是后来提干限制年龄了,我因超了年龄,而失去提干的机会。

这件事让我体会到,很多人的"不喜欢",都是可以改变的,但任何时候,改变别人的"不喜欢",都不能以放弃自己的"喜欢"为代价。迎合别人的"喜欢",往往只能给自己带来眼前利益,而坚守自己的"喜欢",却能为自己创造长远利益。

人的一生,总会遇到自己的"喜欢"与别人的"不喜欢"发生矛盾的时候,如何看待自己的"喜欢",如何看待别人的"不喜欢",这往往关系到自己一生的成与败。

"坚持"的背后

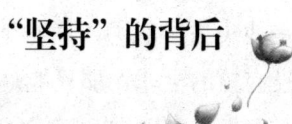

回到老家,将我新出的一本书,送给在我当兵期间曾多次买书寄给我的一位同学,他接过书说正好可以用它来鼓励自己的儿子,"让他知道,任何一个普通人,只要坚持,都可以大有作为。"又说:"有些人在外面很吃香——外面的人认为他很了不起,其实他身边的人都知道,他跟其他常人没有两样,他之所以能取得某种成绩,只在于他能坚持。"

说到这里,他笑着问我:"你说我说得对不对?"

我当然是笑着说:"对,你说得对。"我这人有个特点:非正式场合,不愿跟人较真。这个特点,恐怕也是个缺点——让很多人误解了我,同时也误解了我心中秉持的理念。

当然,有一点他是说对了:我是个"常人"。对此我并不否认。我也不能说,"坚持"不重要,但我很想跟他说:坚持只是长在土地外面的苗,包在灵魂外面的皮,一个人如果只能看到坚持的外表,而看不见隐藏在坚持背后的根与灵魂,他眼里的"坚持",就只是具有欣赏价值,而没有实用价值——不可能让自己拥有源源不断的坚持的能量。

连隐藏在坚持背后的根与灵魂看都看不见,他又如何能

让自己拥有与实现某种追求相适应的思想与灵魂?坚持的根,就是思想。思想就是苗的胚胎。胚胎烂掉了,死掉了,那苗也就没有"坚持"的根基,迟早会枯掉,灭掉。

很多有了一个美好的梦想而最终没有坚持下去的人,不是他失去了毅力,而是他失去了思想。思想就是灵魂的核。没有核的灵魂,那只能是一个空壳,是扔在水里沉不下去的东西,是可以被一阵轻风吹得到处乱跑的东西。

说来真是"有趣",只因为我在文学创作上多少取得了一些成绩,许多人见了我,就免不了要恭维我几句,说我真是勤奋,真是刻苦,真是有毅力(这些,都是"坚持"的代名词),而从没有人说我具有远大的理想(说梦想也行),强烈的使命感,不可动摇的信念,坚不可摧的热爱,每天都在思考——都渴望着从心灵深处长处新鲜的思想。

所以那些人对我的恭维,只能让我苦笑。一个没有理想没有使命感没有信念没有热爱没有思想的人,除了吸毒,他干任何事都是没有动力的。没有动力,就只能是一滩死水,一台死机器,就不可能让他勤奋,刻苦,有毅力。

坚持就是胜利,这句话,只有对于那些内心里装着思想、理想、信念、热爱、使命感的人来说,才能成立,才有意义。

对于那些内心里装着思想、理想、信念、热爱、使命感的人来说,你就是不让他坚持,他也会想方设法地去坚持,克服一切困难地去坚持,百折不回无怨无悔地去坚持。

因为,他们有着常人所不具备的那种熊熊燃烧一往无前以苦为乐不达目的绝不罢休的灵魂。

确实,我是一个普通人,但普通人跟普通人也是不一样的。

做一个不能买半票的学生

去上海看世博,排队买票时,排在我前面的一个小伙子说他买学生票。售票员让他出示学生证,他摸遍了所有的衣袋,还把随身带的旅行包翻了个遍,却没把学生证找出来。他只好又掏出六十元,准备买成人票。这时候,那个年轻的女售票员说:"这样吧,我还是按学生票卖给你,你要是进不去,再转来买成人票。"

听她这样说,连我都给感动了。轮到我买票时,我首先就说:"你这个人的心真善!"见她笑了一下,我故意说:"我也买学生票。"她很认真地摇了一下头,说:"你不能买学生票。"我仍然故意说:"我也是个学生啦,只是,我也拿不出学生证。"她仍然很认真地摇头,说:"你一眼看上去就不是个学生。"

我是跟她开玩笑的。我手里拿的钱,就是买成人票的钱。但她的那个无比坚定的"你一眼看上去就不是个学生"的说法,却让我觉得她善良,但不幽默。毕竟,她看上去才二十几岁,她还不能理解,什么才是真正意义上的学生——自然,她也不能用一句既幽默风趣又能深得我心的话回应我。

人生必须有取舍

真正意义上的学生,是终生学习的。哪怕是他成家立业了,功成名就了,满头白发了,他还在坚持学习。我想,衡量一个人是不是个学生,不在于他是不是长着一张娃娃脸,不在于他是不是在学校交学费,更不在于他有没有一个学生证,而在于他是不是总是在想方设法如饥似渴地获取新知识。

"唉,如果那些学生有你这么爱学习就好了。"我的在一所职业技术学院当班主任的妻子,有一天跟我这么说。她说她真是为那些不爱学习的学生伤透了脑筋。"不爱学习的学生",这个说法是多么的自相矛盾,不合逻辑。是呀,学校里的许多学生,如果能像我这么爱学习,那可真是太好了,太让老师省心了,太让父母放心了。

在我看来,那些成天在那里混日子、泡网吧的学生,他们实质上根本就不是学生。跟这些人比起来,我才是正儿八经的学生,甚至一看就是个学生!因为我的眼睛里是含满了求知的欲望的,我的脸上是写满了对有知识人的虔诚的。

当然,一般的人,只看得见我眼角边的皱纹,和脸皮上的沧桑。只有那些同样是眼里含满了求知的欲望脸上写满了对知识人的虔诚的人,才能看得出我是个有了皱纹和沧桑感的学生。

中国有句话叫作"生于忧患,死于安乐"。在我看来,"生于忧患"应改成"生于学习"。不学习,忧患来了只能死得更快更惨。更重要的是,一个人如果到了三十岁四十岁还在学习,特别是到了五十岁六十岁还在学习,那就说明他经历了那么多的人生坎坷,看到了那么多的人世肮脏,他还能让他的精神活得很好,让他的梦想活得很好,让他的激情活得很好,他因此还需要像一个学生那样去求知——总是要用新的知识去滋养喂养保养他的精神、梦想和激情!想想看,如果一个人到了五十岁六十岁甚至七十岁八十岁,他还能活在这样一个状态里,那他该是一个多么可爱的人?

  我现在 55 岁了。现在的我,精神梦想激情,都活得挺好。这得益于我一直是个学生。这个学生,我将永远当下去——尽管,当这样的学生不能买半票。

我有我的"成功观"

"陈大超,在社会主流看来,你根本不是一个成功者!"回家过年,一位校友冲我说。是在说到另一位校友时说的。说那个校友,这些年赚了上千万,说那个校友最让人佩服的,是人家只要想达到自己的目的,哪怕你再不喜欢他,他也能使出种种手段,让你眉开眼笑,让他心想事成。

我当然知道,我在很多人眼里,都不是一个成功者。人家那样说,也只是说了一句大实话。好在我早已具备了承受这种实话的能力。所以尽管他是一再强调我不是一个成功者,我仍然是一脸的笑。当然,我的笑,是有很多含义的。含义之一,是我觉得没必要跟他认真,也没必要受那种"社会主流"的成功观的干扰。

不能不承认,我们生活在一个特别看重"成功"的时代。春节回家,发现小小一个县城里,几乎是哪里有空地,哪里就停满了各种各样的小车。不用说,那些小车都在显示着某些人的成功。我没有开小车回去,我也确实没有小车,同时我也确实没有住上豪华的新房。这些信息传达出去,同学们校友们就会确信我是个没钱的人,同时也就会确信我不是一个成功者。

只是，这样当着我的面，直言不讳地说我不是一个成功者的人，我还是第一次遇到。我觉得他这样说，还是很高看我的。想想看，他如果觉得我是一个自以为是自命不凡经不起别人半点否定的人，他还会这样说吗？

可我一直固执地认为，看一个人成不成功，不仅要看他赚了多少钱，而且还得看他拥有什么样的灵魂。我认为我拥有的灵魂，是用再多的金钱也买不来的。问题是，我能把我的灵魂扒开来给他看吗？其实，我就是能扒开，"社会主流"们也是不屑一顾的。社会主流的眼睛，最喜欢盯着小车看，盯着房子看，盯着财富排行榜看，盯着市场行情看，盯着官位看。让他们盯着灵魂看？他们恐怕没那个耐心，也没那个心情。

一个人的灵魂，其实就是一个人的思想情感。一个看重灵魂的人，他也必定会看重自己的思想情感——他绝不会出卖、扼杀自己的思想，背叛、践踏自己的情感。一个为了达到自己的目的根本不把自己的思想情感当回事的人，他能是一个有灵魂的人吗？他能是一个看重独立之人格生存之尊严的人吗？

一个丧失了灵魂的人，一个缺乏人格与尊严的人，他可以过得很排场，很奢侈，很浮华，很轻狂，但如果说他能过得很幸福，很快乐，很美妙，很安宁，我不信。

在这个世界上，许多真正有份量的东西，恰好是最不容易被人看重的。在那些不看重灵魂的人面前，我也不屑于把自己的灵魂扒开给他们看。老实说，我能活在我现在的状态里——不在任何自己不喜欢的人面前做出违心的事让他们眉

人生必须有取舍

开眼笑,不跟任何自己厌恶的人泡在一起虚以应酬甚至是摧眉折腰,这真是太好了。这正是我向往已久苦苦追求的生活。

我把这样一种生活追求、奋斗到手了,我认为这也是一种成功。我现在要做的,就是将这样一种成功进行到底!

第二辑

人生必须有取舍

人生必须有取舍

1998年元月到来之前,在我的稿费连续两年达到万元——超过工资三千多元的情况下,我向我所在的湖北省孝感市图书馆递交了一封辞职信,回家当起了完全靠稿费为生的自由写作人。

"舍掉"副馆长一职,辞去公职(当时我就此下了辞去公职的心,只是过了几年才办手续),成为完全以写作为生的人,连送到手的相当于副教授的职称也不要,在有人说我傻的同时,也有不少人对我刮目相看。有写信寄来"掌声"的,有上门给予赞美的。呵,有个人,他说他上门来只是想看我一眼,看我这个"怪人"到底长得是个什么样。他说他说的"怪人"不是别的意思——是有本事有勇气的意思。

对,更多的人是说我有勇气,说我对文学有献身精神。连市里、省里的记者也来采访我,一时间,我辞职的事上了报纸和广播,我成了颇受人关注的新闻人物。

其实我想得很简单。我只是觉得,我如果总是把什么东西都抓在手里,总是把什么东西都塞进我人生的这篇文章里,那我的人生这篇文章,一定很难做下去,就是勉强做下去,

人生必须有取舍

也会做得很累,很乱,做得很不值得一读。呵,写文章的人,总爱拿文章做比喻。

作为一个热爱写作的人,我深知愈是精彩绝妙的文章,愈是要经过精心的取舍。"每一本书,都是作家们精心取舍的结果。"在图书馆工作了十年的我,总是喜欢跟朋友们这样说。没有取舍,就难于成书。图书馆的藏书,正是从不同的侧面来反映人类历史和大千世界,才有利于人们从不同的角度来阅读和欣赏。

我敢说,一个不能洞察"取舍"之奥妙的人,面对写作这门学科,他的脸上很难露出会心的微笑来。也就有一天,我恍然大悟地领悟到:做人也要有取舍啊!也要根据自己的人生志向,舍掉许多与自己的志向(做人的"主题")不相干的东西。我就想到我必须把我担任的"副馆长"一职"舍掉",把精力集中到写作上来。舍掉副馆长还不够,还得把公职一起舍掉!舍,就要舍得到位,就要舍得干净。

事实上,那种没有取舍的人生,已经把我折腾得心身疲累难以支撑,使我的人生篇章,越来越杂乱也越来越平淡。我不止一次地苦笑:再像这样什么都抓在手里,勉勉强强地支撑下去,那我的一生也就只能成为一张虽然写满了字却不值得一读的废纸。那种人生的创造美,那种人生的和谐美,那种人生的超越美,就会因为没有取舍而远离自己,永远不属于自己。反之,那种人生的平庸,人生的苦涩,人生的哀叹,就会更多地降临到自己头上。

于是就在我的"四十而不惑"的年头里,我毅然辞掉了我的"副馆长",成了一个围绕人生主题大写人生篇章的自由撰稿人。尽管不少人都说我傻,说我没必要这么认真。不过随着时间的推移，我的取舍，也就显示出了它应有的优越性，我的人生的篇章也越"写"越精彩，越有"看头"，也就有更多的人对我表示理解，对我刮目相看了。

"你说得对，做人也应有取舍，说不定那一天，我也会像你这样来一手的。"

"是的，取舍需要冒险，但没有一点险冒的人生也是没有多大滋味的，也是缺少足够快乐的——无限风光在险峰啊！"

"取舍的人生，是扬己之长避己之短的人生，是克服贪婪之心愚蠢之心不断走向智慧的人生。"一些朋友在来信中这样说。

他们的话，反过来也给了我许多启示。

我的"四十不惑"

在我四十周岁生日的这天,仍是天一亮就起来了,一个人坐在电视跟前,开很小的声音,看早间新闻和崔永元主持的"实话实说"。今天的话题是"拒绝毒品"。总是能三言两语就能把大家说笑的崔永元,却无论如何不能把这个沉重的话题说得轻松起来。

我就想高官厚禄金钱美女还不是毒品啊。我就庆幸四十岁的我,已经把当官的欲望发财的欲望,彻底地从灵魂中排挤出去了。并且再大的官,别想压弯我的骨头;再多的钱,别想撩动我的念头。至于美女——怎么说呢?偶尔在街头巷尾撞见了清纯可人的异性,我的心旌也还是会那么摇动一下子的。也就是摇动一下而已,我的心思很快就会收回来。

任何一只"蝴蝶",都不会扇动起我去追逐她的念头。

吃罢早饭,仍是坐在电脑前写作。我真是庆幸我对写作的专一和虔诚。

二十年前我就认识到,写作的过程实际上是一个人不断汲取人间精华和剔除心灵中各种杂质的过程。现在,日积月累的写作，已经使我拥有了一种安然恬静的生活，同时也把我的气质打磨得是那样澄明和质朴。

妻子几次问我生日怎么过，我想了想说还是像平常的日子一样过吧。妻子真是不错。她并不赞成我辞职，但既然我辞了，她也不说什么。她还想着要为我过生日。她的这种表现，已经得到我的众多朋友的肯定，连省城来的名记者，也对她刮目相看。

我真正想的是一个人到野外去走一走，到一个山头上去坐一坐，看看太阳是怎样上山的，又是怎么样下山的，再就是用手去抚一抚在无言中挺过风风雨雨的大树。但我不想这样提出来。我不想太刻意。

十岁的女儿说我应该照张相，可家里的那个用了十来年的傻瓜相机，已经成了我们家里舍不得扔掉的"收藏品"。四十岁的人了，也就有了一种惜物的情怀，只要是自己用过的，穿过的，玩过的，就觉得它们格外亲切，就总是把它们好好地收拾在一个什么地方，不忍扔掉或送人。相机不能用就不照相了吧。到照相馆里去照，又显得太做作。

下午给一位朋友写信，我说我这一生能有今天，已经很不错了。真的是很不错。小时候的许多梦想落空，只说明那些梦想太脱离实际，而不能把它理解成人生的失败。好在我现在仍然有梦，有对一种梦想的追求。那种梦想，仍然能带给我源源不尽的饱满充盈的奋斗激情。

但我并不奢望走向什么"辉煌"。人生就是有辉煌，也是在整个奋斗过程中散发出来的。人生的精彩和滋味，都在

人生必须有取舍

那种过程之中。对我来说，人生的辉煌，不是发大作品，得大奖，而是那些战胜自我超越自我的重要时刻。

　　古人说"四十不惑"，我不知道这"不惑"要用怎样的标准来衡量。我的想法是，人要顺其自然，又要积极进取，最重要的是，要活出自己的真思想，真性情。

当姓名变成了账号

买了一台新电脑回来,到邮局——不,是"多媒体局",办了入网手续。于是拿着多媒体局给的账号和密码,请了一个朋友来帮忙上网。朋友也不是特别在行,他照着上网的程序,一道道操作下来,无论如何就是不能成功。反反复复了好多遍,都是无功而返。

"到底是哪里不对劲呢?按说不会有问题的呀。"朋友摇头苦笑说。他于是骑上摩托,去请教一个比他懂行的人。"哎呀,原来错在我老是把'用户名'当成了你的姓名,实际上呢,应该输入你的账号才对。""电脑可是只认你陈大超的账号,而不认你陈大超的名字啊。"他一回来就笑着说。

我也点头笑着说:"看来上网真是能让人长见识,这网还没上上去,我就见识了一个多媒体局,和用户名就是用户的账号,而不是用户的尊姓大名。"

果然,把"陈大超"换上了一串数字,电脑就允许我们长驱直入,到网络的汪洋大海里去畅游了。

这以后,只要网络上一出现"用户名"的问号框,我就

人生必须有取舍

知道这是人家在问我的账号呢,我就不会再傻里傻气地把"陈大超"三个字输进去。

对于网络经营商——以及别的什么"商"来说,"陈大超"这个名字算什么呢?在他们眼里,陈大超的名字再"小有名气",也不如他的账号管用。这就是说,在这个世界上,你如果没有能力在某些地方建立自己的账号,或者你没有能力不断地往你的账上注入一笔笔新挣来的资金,你的名气再大也没有,也没人买你的账。

许多建不起账号或者账号早已死掉的过时名人,不正是在那里抱怨这个世界太无情吗?"太无情"往往是"太无钱"造成的。你太无钱,人家就会太无情。

这样的名人我也见过,老实说,我也不买他们的账。他们跟我抱怨过几次,我就不愿理睬他们了。我没有时间听他们抱怨。你看,我也是个很无情的人啊。

这样的名人,过去的作品或产品再也没人要了,他们再也创造不出新的财富来了,而他们现在生产的作品或产品,又远远地落后于时代,因为落后于时代而一再被市场所拒绝,他也就不能创造出新的金钱、财富了,那么他原来就是有账号,他的账号也死在他人的前面了。事实正是如此:有的人人还活着,可他的账号却早已死掉了。

文章写到这里我不由得一惊!陈大超啊陈大超,你今后会不会成为一个人还未亡而账号已死的人呢?今后的某一天,你会不会也来抱怨这个世界太无情呢?我不能不这样问自己。

我已经意识到,这个世界基本上只对拥有新鲜账号和永远生机勃勃的账号的人多情,让拥有这种账号的人心想事成,美梦成真。那么，拥有这种账号的人，又该拥有一颗什么样的灵魂，拥有一个什么样的大脑，拥有一种什么样的胸怀呢？

这样的问题，看来我要反复问自己，我要问得自己永远不糊涂，不抱怨。

比稿费更重要的

"谢谢你为我提供了那家南方报纸的副刊邮箱,前不久我在那里发了一篇文章,今天居然收到他们寄来的二百元稿费!这可是我到目前为止收到的一张数额最大的稿费单啊!乖乖,同是这样的一篇文章,我在别处发表,只能收到三四十元、五六十元的稿费。今后,我也要冲着稿费高的报刊写稿和投稿了,因为我也是个普通人嘛。"一位新结识的文友在他发给我的电子邮件里说。

看完这封电子邮件我就笑了。我就想:哇!这张二百元的稿费单可真厉害啊,它居然一下就剥掉了某种神圣的东西,让我的这位文友露出了"普通人"的原形!

我真想跟他开玩笑说:"原来在收到这张稿费单之前,你还是个不普通的人?"但又怕交浅言深,引起他的误会,也就作罢了。但我总觉得他的这番话,颇耐人寻味。

跟我的一位五十多岁的文友说及此事,他想了一想说:"我刚开始写作的时候,还是'文革'时期,那时候在报纸上发表了文章,只能收到一些方格稿纸和学习资料,至于稿费,那是一分钱也没有的,但说来奇怪,那时候搞写作的人,人人都有一种神圣感,觉得能在报纸上发表文章,是一种莫大的政治荣誉,而且别人看你的眼光也确实不一样。"又笑一笑说:"自从改革开放后恢复了稿费制度,社会上更多的人向钱看了,特别是那些能赚钱会发财的人成了人们刮目相看的对象,写稿的人就不再那么吃香了。"

"也就从不普通的人变成普通的人了,也把对'政治荣誉'的追求变成对高稿费的追求了。"我也笑着说,接着我又说,"会不会是这样呢?一个搞写作的人,他在没有稿费可赚,和在只有很少稿费可赚的情况下,他会把自己的写作价值更多地放在某种虚拟的荣誉上,他会通过对某种虚拟荣誉的追求来抬高自己的身价,并以此将自己与'普通人'区别开来,让自己拥有一种高人一等不同寻常的感觉,而一旦有稿费可赚了,特别是有能力有可能赚到高额稿费了,他又会摆脱那种多少有点虚幻的'政治荣誉'的束缚,将自己'还原'成一个'普通人'?"

朋友点点头,笑一笑说:"事实上,很多过去穿着'政治荣誉'外衣生活得自以为了不起的人,都是经济的浪潮一来,他们都是或主动或被动地脱掉了那层外衣,将自己变成了普通人的,只不过是,有的脱掉了是为了以新的姿态新的说法去谋求经济利益,有的却仅仅只是表示过去自己受了骗,现在把一切都看穿了。"

"唉,最容易改变人的是经济,最容易使人变得明白的是经济,最容易使人晕头转向稀里糊涂的也是经济。"我说。

我倒觉得,写作的人,他肩负的使命毕竟跟很多人不一样。任何一个写文章的人,如果他写的文章含着追求社会正义与社会进步的因素,那么他的这种写作行为,或多或少的,

都含着一种崇高与神圣的情怀在里面。我觉得只要有这种情怀在心里装着,它就能给人带来一种高尚甚至是庄严的感觉。

我现在是完全以稿费为生的人,但我一定要让自己明白:努力地写出追求社会正义的作品,努力地写出有助于时代进步的作品,这比纯粹地冲着稿费去重要。

做一个珍视"荣誉"的人

在本地一家报社得了一个征文奖,编辑朋友在电话里笑着说:"我只把奖金寄给你了,证书——对于你来说,已经没有什么用了吧?"我也笑着说:"证书不寄就不寄了吧。"

只有很坦诚的朋友,才会把话说得这么真——或许,在相当多的人眼里,我今后的生活,都是可以不要证书的。我已经是个不需要靠种种证书证明的人了。不,我已经是个不需要证书帮着我去谋取点什么的人了。

他说得没错,自我成为一个完全靠稿费养家糊口的"自由写作人",荣誉证书就对我失去了具体的作用。是呀,既然我已经放弃了职称和职务,那么这种荣誉证书,它对我还有什么"实质"上的意义呢?

在此之前,这些证书的所谓"荣誉值千金",基本上就表现在它们在我晋升职称和职务的时候,可以起到一种证明自己的能力和成绩的作用。

事实上,我好几次破格晋升职称,就是因为我获得了比别人多得多的荣誉证书——虽然有些证书只有"荣誉"而无奖金。也就是说,没有奖金的荣誉证书,对于在岗的工作人

人生必须有取舍

员(包括作家、艺术家)是有用的,可以在某种情况下起到"荣誉值千金"的作用,而对于自动下岗和从来就没有过岗位的人来说,那种没有奖金的"荣誉",就是很空洞的了。有人说,它空洞得连一杯白开水都不如!

我的一位得过全国好新闻一等奖的作家朋友,有一天突然做出一个决定:拍卖他的得奖证书。结果,在报纸上发了消息好几年,都没人理睬。他也苦笑着说:看来,荣誉证书不值钱。

所以当了自由写作人之后,再见了我那一大抽屉荣誉证书,我有时就不禁要冒出这样的想法:假若有一天我写不出来了,再也赚不来稿费养家糊口了,这些个红光灿烂的荣誉证书,又能给我带来什么呢?它能给我换来一碗米一把菜吗?会有人因为我得过这么多荣誉证书而施舍我一下吗?

这样想,并不意味着我不看重这些荣誉证书了。不过,它们对我的作用,仅仅是让我有一天回首我毕生走过的路的时候,面对它们会产生一种没有虚度此生的欣慰。所以,我仍然很好地保存着它们。

我想我过去得的我今后得的荣誉证书,它带给我的荣誉也就仅仅只能体现在这个方面。这也没什么不好。真正的荣誉它总是照耀内心世界的一种光芒,培养精神状态的一种水土——只要自己感觉得到领悟得到就行了,而没有必要弄得满世界张张扬扬,更不必企望得到谁的首肯、表彰和接见。

至于它们是否能够带来可以拿到市场上花的奖金,也并不是很重要的。

我已经很清醒地体会到,一个自由写作人的荣誉,就是一种劳动的荣誉,一种思考的荣誉,一种永远不能重复自己的荣誉，一种靠自己的智慧和血汗很清白地活在这个世界上的荣誉。或许，这样来理解"荣誉"，才是更有意义、更有利于提升人的生存质量和生活品位的？

　　无论如何，我认为做一个珍视荣誉的人，才能更好地做一个满怀希望满腔热忱并且具有饱满的精神气韵的人。

必须管好"注意力"

到北京参加一个颁奖会,真是开了不少眼界。开的眼界之一,是发现竟然有那么多的人,都把自己的注意力,放在了不该放的地方。

这次是我的两首诗,得了一个三等奖,奖金是 500 元。组委会在通知上说,得三等奖以上的作者自己出路费就行,而得荣誉奖的人除了车费,还要交 1380 元的会务费。由于是两个颁奖会一起开,来自全国各地的与会人员竟然有数百人。

看来只要肯花钱,这种荣誉奖,还是挺好得的。不过我对这种荣誉奖,根本就不感兴趣。我参赛,只要是收到获得这种荣誉奖的通知,立刻就把它当废纸扔在一边。

且说第一天颁奖,来了十多个文学界的名人坐在主席台上。呵,那些名人一上台,下面立刻就有很多的人躁动不安了。很多的人,都掏出相机对着主席台狂拍。坐在后面的,还跑到前面去拍。后来还有些胆子大的,居然不顾大家正开着会,从侧面摸上主席台,掏出纸笔求名人签名。极个别人的成功,立刻引来数十人嗡嗡嗡地往上挤。

终于挤得主持人请来两个年轻力壮的保安，一边站一个，做出一副严阵以待寸土不让的神情。

那些求签名求合影的人，就在旁边眼巴巴地等着，等到会一散，立刻呼啦一下子围了上去。唉，这些获奖者，怎么都是这样一些没有份量的人啊。我在心里摇头。把别人看得过重，必然是把自己看得过轻。连自己都不看重，不尊重，能写出好作品来吗？

在接下来的两天半时间里，上午、下午、晚上，都是由牛汉、莫言、梁晓声、张抗抗、卢跃刚、肖复兴等著名诗人和作家给我们讲课。这当然是非常难得的学习机会。可是讲课者的讲课却一再被打断。

总有人不由分说地跑上去要求签名，对着名人按动照相机——闪光灯老是一闪一闪。后来主持人就忍不住了，就说"大家不用急——为了满足大家的要求，我们特意让这些讲课的作家诗人，提前结束讲课，专门腾出时间来给大家签字，跟大家合影。"

效果并不好，而且还发生了更"严重"的"事件"：有人居然趁名人上卫生间的机会，突然出现在名人面前，要名人给他签字。主持人很不高兴地说："我希望这样的事情，再也不要出现了！要知道，这可是非常非常不礼貌的行为！"呵呵，看来当名人，也有当名人的烦恼与难堪。

主持人特意给我们讲了这样一个故事：有一年，人民文学出版社在阿来的家乡开展一个活动，阿来和当地其他一些作者都去帮忙做一些组织工作，编辑们见阿来总是埋头做一些非常具体的事，根本不像其他人那样缠着编辑签字和合影——再不就是送稿子给编辑看，反而主动问他写了什么东

西,阿来呢,却很是难为情地说自己虽然写了一部小说,但那小说却是被别人退过稿的,他还想再好好地改一改。编辑就叫他拿来看看。这部小说,就是阿来那部荣获茅盾文学奖的《尘埃落定》!

"一个人的注意力到底应该放在什么地方?这件事值得让大家好好想一想。"主持人说。

我已经注意到了,这次得一二三等奖的作者,是没有一个魂不守舍坐立不安地慌着找名人签名、合影的,他们总是很安静地坐在那里,全神贯注地听名人讲课——自然,这里面也包括我。

我呢,我一旦发现名人讲得不好,就回住处看书。我的注意力,只会放在真才实学上,放在能够跟得上时代的大见识大智慧上。也就是说,并不是所有的名人,都能让我好好坐在他面前的。

从北京一回来,我就把我的北京之行讲给女儿听。我说一个人必须学会管好自己的"注意力",必须总是能把自己的"注意力"放在最有价值的地方。

有天女儿回来,说李阳到他们学校做了如何学好英语的演讲,说他讲得确实非常好,对他们学好英语很有帮助,但正因为他讲得好,特别是因为他的名气特别大,他在讲完之后举行签名售书的时候,才有那么多的同学去排队,有些同学虽然早已买过他的书,但就是为了得到他的一个签名,而宁愿再次排很长时间的队去买,"有个同学签过名之后还在那里看了一个多小时,还跟我兴奋地说她第一次离名人这么近,真是太令人激动啦。"

女儿说她听过演讲就到教室里自习去了,"我觉得他讲的东西听进去了就行了,至于签名,我觉得那一点都不重要。"

说得我连连点头,满心欣喜。

如果女儿这样做,是受了我的影响,那我的此次北京之行——不,我这样做人,收获可就太大啦!

没有奖金的"自由"

"今年就两千多块奖金,没劲。"一位在一个挺不错的单位上班的熟人说。我却笑着说:"我可是连一分钱的奖金都没有啊。""可你有自由啊!"他脱口说道。

一句话就堵得我再不知说什么好。是啊,我是有自由的啊——有自由的人还用得着谁给你发奖金吗?不是说自由是比金子还宝贵的东西吗?拥有比金子还宝贵的东西,还用得着谁来给你发奖金?

我当然并不在乎有谁给我发奖金——我连工资都不要了我还在乎奖金吗?是的,我在乎的是自由。具体地说,作为一个热爱写作的人,我在乎的是拥有一种完全按照自己的心意来写作的自由。

该有多少次,在上班的时候,我不得不硬着头皮去写那些令我反感至极乃至恶心欲吐的文字!多少次,我在心里默默地想:总有一天,我会拂袖而去,再也不干这种侮辱我的灵魂践踏我的情感摧残我的生命的事!这一天终于实现了。

从此我再也用不着上班了,再也用不着写那些和我的思想情感别着来反着来的文字,也就是说,我自由了,我可以心里怎么想手下就怎么写了。但我却是带着一种无比悲壮的心情来拥抱属于我的这种自由的。要知道，我的自由是用我的工资（还有奖金）换来的，我也必须挣来足够多的金钱来支撑、来维持、来浇灌我的自由。

该有多少人，苦口婆心地劝我不要这样做，说是在我们中国，还是在孝感这个小地方，想靠写作为生？那是不可能的事！自古以来都没有先例嘛。这等于说我的自由是不能落地生根的，更是不可能开花结果的。这种将我的自由判处死刑的关心和爱护，让我一次次头皮发紧，心生恐惧，但在表面上，我还得笑着向别人表示感谢。好在我的心底里一直潜藏着一种不灭的自信，任何人对我的前景的充满黑暗、凶险的描述，都不能动摇我对我的自由的热爱之情与坚定信念。

但同时，我的心里也充满了一种义无反顾视死如归的悲壮感。

所以从一开始，我就意识到我的自由是生长在悬崖上和刀尖上的。只要我的自由自在的写作不能赚来足可以维持我的生存（还有体面）的金钱了，我的自由就会毫不通融地让我饱尝声败名裂的苦果，乃至遭受灭顶之灾。所以虽然再也用不着上班了，再也不可能有人监督我督促我了，我却比以往任何时候都活得认真、尽力，并且总是非常按时地坐在电脑前投入到紧张的"工作"中。

我这才体会到，愈是拥有自由的人，愈是热爱劳动，愈是珍视自由的人，愈是活得审慎。

所以每收到一笔稿费，我的心坎上都有一股感恩的泉水涌出来。是对自己辛勤劳动和艰苦思考的感恩，更是对编辑们的公正无私的感恩，同时也是对热忱地为我提供写作、投

稿信息的朋友们的感恩。我的自由，对公正与友情特别敏感。一丝丝的不公正，一丝丝的人与人之间的冷漠，都会让我蓦然一惊，在心底里掀起阵阵波浪。

我知道，没有足够多的公正与友情的支持与温暖，我的自由就只能像一条船被抛在了沙漠之上，像一棵树被栽在了坚冰之中。

好在我已经承受住了考验，当初那种悲壮的情怀，已经化作一缕缕轻曼的白云，飘荡在我心灵的上空，我的身心，也正在一天天变得安详而舒展。没有奖金就没有奖金吧，可以爱我所爱憎我所憎地生活着，没有人可以屈从我的意志改变我的思想地活着，这比什么都好，这也即是自由带给我的最大奖赏！

当然，今后的路还长。我仍然会在悬崖和刀尖上创造我的自由，延续我的自由。在这种过程中，我将自由地品尝一切，也将自由地承受一切！

活在自己的爱憎里

直到现在,我辞职已经好几年了,还有人觉得我这是在冒险,说"完全地以写作养家糊口,真是不容易啊,现在竞争这么激烈,很多人都在喊稿子难发,所以就有人暗暗地为你担心,同时也觉得你这种勇气,这种精神,真是可贵。"

我笑一笑,不知道该说什么好。

应该说关心我的人还是不少的。大家总想我多挣点钱,也总在怀疑我通过写作挣的钱到底能不能养家糊口,因此有劝我炒股的,有劝我租个门面做生意的,有劝我到学校代课的,还有人动员我办小学生作文培训班的,说这都比写作赚钱容易。但我全都笑着拒绝了。只有我自己心里最清楚,我辞职的目的到底是什么——是想真正地活在自己的爱憎里。

所以我要写文章,要以写文章的方式活着。因为写文章就是在表达我的爱憎,让我的心灵在爱与憎里自由舒展,活蹦乱跳。我知道,我的心灵愈是在爱与憎里活蹦乱跳——在我的文章里活蹦乱跳,我的文章就越是值钱,我就越是有饭吃。我们所处的这个时代,实在是太需要活蹦乱跳的心灵了——需要太多太多的人,可以把自己的心灵活得无拘无束、

生动活泼。

我发现社会上的人就是这样，他自己活得遮遮掩掩，他就喜欢欣赏别人的敞胸露怀；他自己活得死气沉沉，他就喜欢欣赏别人的生龙活虎；他自己活得谨小慎微，他就喜欢欣赏别人的特立独行。

我心里清楚，我能不能通过写作赚到钱，我能不能通过写文章活下去，最核心的问题，是我到底具备一颗什么样的心灵。所以我只会在滋养壮健我的心灵上下工夫，用心思。

至于外面的竞争是否激烈，我不在乎。相反，我喜欢竞争，害怕不竞争。不竞争就只能是一潭死水，就只能让邪恶腐朽的东西活得滋润、快乐，让敢爱敢憎内心里流满光明的人找不到市场。我敢辞职，敢放着现成的"财政饭"不吃，就是冲着竞争的活水来的。竞争愈激烈，活水的水源愈丰沛，我的天地就愈宽广。更何况竞争愈激烈，愈是需要亮出自己的个性，就愈是需要人敢爱敢憎，在鲜艳夺目的爱与憎里展现自己的魅力，实现自己的价值。

我敢说，没有爱憎的"文学"肯定是没有市场的，没有爱憎或者说不敢表现自己的爱憎的"作家"，他肯定是要饿饭的——如果没有人包养的话。所以我写作，从来不看别人的眼色行事，哪怕寄一百个地方不能发表，但只要里面表现了我的爱憎，我就觉得它好。而事实上，这些先前不好发表的文章，后来都发表了。因为我们的国家越来越讲竞争了。

我也就不愁养不活自己，更不怕愈演愈烈的竞争。我想就是有一天我真的写不出来了，挣不到稿费了，我也不会怨恨、嫁祸于竞争的。我总是跟我的朋友们说，如果有一天我的这条路子走死了，那就说明我的思想完蛋了。有爱憎的心灵必定是有思想作支撑作后盾的，思想死了，心灵里的爱憎也就熄灭了垮掉了——更不要说还能产生激情与冲动了。

所以我并不是埋头苦写，更不要求自己每天都能写出作品来，但我却要求自己每天都要有所思，有所想，有所悟。

我心里非常明白，我要养活自己，必须首先养活我的思想。辞去职务，不要工资，也是为了让我更真切更痛切地感受这个时代，让我思想的根须更容易穿破重重障碍与隔膜，从更肥沃也更坚硬的地方汲取养料；或者说是让我的思想的翅膀挣脱更多的束缚与诱惑，获取更大的翱翔空间。

我不知道这样活着有什么不好？

人生必须有取舍

绝路与活路

1999年底,《湖北日报》的高级记者朱学诗来采访我,一见面他就说:"前几天在一家报纸上看到你的文章,我的眼睛不由得一亮,心想陈大超还活着?"他说省里的不少文化人在报刊上看到我的诗文,都会在心里产生一种"他还活着?""他的生活和思想还没有写枯竭?""他活得到底怎么样?他在这条路上到底能走多远?"的想法。

这自然令许多关心我关注我的人对我产生了更浓厚的兴趣。

他也正是带着这些想法来采访我的。在他住的宾馆里,我敞开了心扉跟他谈。我把我的整个灵魂都和盘托出。说得他常常激动起来,站起来跟我抢话说。或许是我的真性情真思想打动了他,他在告别的时候跟我说:"来之前我还在想,陈大超,他会不会是个头脑喜欢发热的二百五呢?通过采访我才发现,你其实是个非常有理性的人。"他还说"我们应该当亲戚走"。

朱学诗采写的《稿费滋养陈大超》的长篇通讯,在2000年1月31日的《湖北日报》刊登后,在更大的范围内引起了人们对我的关注,同时也让更多的人暗暗地为我担心。有天遇到市电视台的几位记者朋友,他们一再说:"我们采访中遇到不少关心你的人,他们认为你能把自己逼上绝路,这既让人对你钦佩,又让人为你担心,因为在一个小地方,完全靠写作为生,这条路子是非常难走非常艰难的,所以大家都希望你走好。"

我却笑着说:"谢谢大家的好意,不过我倒认为我是把自己逼上了活路,而不是把自己逼上了绝路。"

现在不论是我的家人还是我的朋友熟人,都说我这两年长胖了,面色也红润了,看上去很有精神。连我的读初中的女儿也说我越活越年轻。

除了夸我身体变好了,也有夸我收入增多的。"陈大超,你不错啊,你在家里耍耍笔杆子,一个月就能收入两千多块啊!"有一个朋友,这样在电话里跟我说。"你听谁说的我一个月收入两千多块?我自己都不和知道我能收入这么多钱呢。"我笑着说。"这可是楚天经济广播电台说的,那天我打开收音机,恰好听到里面的一个主持人说:孝感有个陈大超,在改革中主动转变就业观念,放着图书馆的副馆长不当,回家当起自由撰稿人,每月收入达到两千多元。"

我笑着摇摇头说:"一千多元有,两千元暂时还没有,或许他们觉得一千元太少,没有说服力,才那样说的吧,可我觉得,在一个小地方不依靠采访写文章,一个月能收入一千多元就已经很不错了。"

我觉得我这样做,不仅是让自己闯出了一条活路,而且也让社会上许多对未来抱着梦想的人看到了自己的活路。有一天,一个18岁的农村小伙子,跑来对我说:"那天正在下雪,

天气暗暗的，可一从收音机里听到你这个消息我就热血沸腾起来了，我觉得我眼前的路，一下子就变得宽阔明亮多了！"

原来不敢外往闯的他，也因此闯出去了。

我的辞职，能让更多的人受到鼓舞，我觉得这肯定是好事。

我的诗歌、小说、杂文、随笔，一篇接一篇地在我的电脑里诞生。生活在小地方的陈大超，文章却能经常在武汉、重庆、广州、上海、北京、香港、台北、曼谷、纽约这些有名的大城市发表。也就有读者来信说："凭这一点，你就应该感到活得很幸福。"

而我，更多的只是感到很坦然。

坦然，它是不是一种幸福呢？至少，它不是一种活在"绝路"上的感觉。

感受"生活来源"

直到现在,我才对"生活来源"这四个字,有了更深切的感受。生活来源一断,你就只有喝西北风,你也就无法生活下去了。

说到喝西北风,我就想起小时候我到许多同学家里去玩,听到他们大人说的话:"不做不做,不做喝西北风啊!""不起那么早,陪你睡懒觉,那你想不想喝西北风啊!""从小就好吃懒做,看你长大了不喝西北风才怪!"有个同学家里是做早点的,他的父母每天半夜都起来忙去了,而他的胆子又特别小,他的父母一走他就醒了,醒了就再也睡不着,就要钻到被子深处咬着牙关任自己浑身吓得发抖。

小时候我曾想:为什么大人们都爱说喝西北风,而不说喝别的什么风呢?现在我才想明白了:西北风是寒冬腊月的风,是有钱人躲在火炉跟前逃避的风,是沿街乞讨的人和出门做苦力的人不得不硬着头皮面对的风。

这世界上,或许命运最惨的就是喝西北风的人。杜甫诗中说的"路有冻死骨",十有八九都是喝西北风喝得皮包骨头在风中直摇晃——最后一头栽下去就再也起不来了。我就

见过好几具"路有冻死骨",有一具因为肚皮呈一个大弧线地凹下去——真真是贴到了脊梁骨,给我留下了毕生难忘的印象。

"我们那时候的生活来源基本上就是树皮和野菜啊,连塘里的泥巴都被人们挖了一遍又一遍,连长在几米深的水草的根都被挖了出来当饭吃!"我的一位比我大十来岁的朋友告诉我。他说的"那时候",就是"大跃进"后期。我说我们今后会不会遇到这种情况呢?他说这可说不准。

人在这世界上活一天,就得有一天的生活来源。"要是有一天你写不出来了那可怎么办呢?"妻子曾经这样心怀忧虑地问我。我却故作轻松地说:"写不出来了就去捡垃圾啊!"捡垃圾也是一种生活来源。真正被逼到那一步了,我也会一边捡垃圾一边坚持写作的。

只是我真的把捡垃圾当作我的生活来源了,我就不能保证我的妻子孩子还会跟着我。一个人的高低贵贱,基本上就是他的生活来源决定的。如果我真的"沦落"到以捡垃圾为生活来源了,我的妻子孩子也就会觉得再跟我生活在一起就是丢人了。当然,这只是我此时的推测,也许有一天我真的沦落到那个地步,她们还是会像现在一些温暖我尊重我。

在我看来,一个人只要他的生活来源来自于他的智力和体力劳动,他活着就是光荣的,他就没有理由自轻自贱,在吃"官饭"的人面前抬不起头来。相反,一个人的生活来源如果只是靠钻进一个什么单位里,并且在那个单位里尽量回避付出创造性的或者说是诚实、有效的劳动,那么不论他出入的是多么高大的机关,不论他上班的地方是多么的金碧辉煌,他活着也是不光彩的,甚至是不道德的!

老实说，那种靠谋取和榨取生活来源而活得无忧无虑甚至是风头出尽的人，在我眼里非常渺小和可鄙。我向来羞于与这种人为伍。一个人的生活来源，只应该和他的人生价值和他对社会的贡献联系在一起。

所以尽管当自由撰稿人，经常会遇到"生活来源"的压力与威胁，可我还是非常坚定地在这条道路上前进着，拼搏着，自得其乐着。

咱不羡慕你的"轻松"

一个朋友来,说"真是奇怪,又有一个根本不了解你的人,说你活得累,还摇头晃脑地说:陈大超呀,累,累,他活得真是累。"我说:"我的身体又没跟他的身体联网,我的身体累不累他怎么知道?"

那些说我活得累的人,有的还当着我的面这样说过,还做出满脸的可怜我的表情。他们都是不由分说地那样说,根本不看看站在他们面前的陈大超,到底是个什么样的精神面貌,神情气韵。

说来也真是有点奇怪,我真正活得累的时候,满世界没有一个人说我活得累。那时候我又要上班,又要坚持自己的业余创作,因为身体总是处在一种很累的状态,我每年都要感冒十多次。有时候一感冒就是一个多月。身体累,免疫力就差,感冒这种病,就把我当成了它的菜园子。

有人说你上班可以偷偷懒啦,可我既不是个偷懒的人,上面也不可能让我偷懒。不仅单位的事我要做,而且单位的上级——以及上级的上级的事,也总想要我去做。后来实在做不了了,我就叫苦说:"我总不能把我一个人变成三个人吧？"人家根本不把我的叫苦当回事。人家以为把那种文字材料交给你去写，跟你说句辛苦了，就是高看你抬举了你呢。

记得有一阵子，骑在自行车上，每拐一个弯我的大脑都要一晃忽，接着连走路也不能拐弯了，一拐弯就晃忽。我就想不行，我得上医院检查，说不定是脑子里长了什么东西呢。到了医院，医生还没听我说完，就说要做ＣＴ，还说不能不做啊，前不久一个小伙子就是像你这样，结果一查，脑子就长了东西。

这一说就更是让我的脑子晃忽了，回来的路上，见那么明媚的阳光我就想：唉，这么好的阳光——还有这世界上所有美好的东西，很可能用不了多久就和我没有关系了。妻子得知医生的那个说法，泪珠子立刻甩了一地。

ＣＴ结果出来了，脑子里并没长出我不希望长的东西。最后的结论是：我的晃忽是体力透支过度造成的。再接着就是累得住进医院，并险些"英年早逝"了。

实在没有办法，我就下了自己的岗，回家过起了完全以写作为生的日子。写什么呢？写自己的所经所历，所思所想。为了不使自己太累，我要求自己每天只写一千字，就是写五百字，也算对得起自己。结果几个月下来，朋友们就说我长好了，脸色白里透红了。许多长时间不见的朋友或熟人，见了我的第一个反映就是："哎呀，你可是比原来长胖了，脸上的气色也很好！"

我自己也感觉这两年的身体状况好多了，不仅拐弯时脑子一晃忽的现象再也没出现过，就是原来特别容易惹上身的感冒发烧，找上门的次数也变得极其稀疏。由于每个月的稿费收入也比上班时多，所以不论是家里人，还是社会上的人，

对我选择的这种新的生活方式,也越来越持肯定乃至赞许的态度。连省里的好几家大报,也发表了记者对我的专访。

当然,如果说我一点不累、特别是一点压力都没有,那也不是事实,但我却很难理解某些眷恋"铁饭碗"的"机关工作者",为什么要特别夸张我的"累",而且是没有事实根据地暗含贬意地夸张。

往深处想一想,我也能明白,我的这种既是顺应时代潮流又更容易发挥个人特长的人生选择,也暗含了对那种追求虚荣以坐享其成为得意的人生态度的否定。

同时我也想,那些说我活得累的人,真的是活得那么轻松吗?到底轻松到什么地步?而且那到底是一种什么样的轻松?面对大规模的机构改革,他们难道没有一点压力?仍是可以那么摇头晃脑地在那里夸耀自己的轻松?

老实说,那种"轻松",我丝毫不羡慕!

活出"优秀感"

很多人都想不通,我怎么会活得这样安逸和自在。身上的"官职"辞掉了,也不到单位上班拿工资了,但脸色却是越来越红润,精神却是越来越丰盈,神情举止,也是透露着越来越多的自信。

只有我自己知道,这一切都来自于我的"优秀感",来自于我在内心深处觉得自己比许许多多的人优秀。——当然只是在"内心深处觉得"。这种感觉可是不便于"公开发表"的。中国人自古讲究含蓄,中国人也自古受不得别人的不含蓄。那么,还是与人为善,不要太张扬了吧。

我曾对总是"祝我进步"的人讲过:我理解的"进步"既不是提干,更不是升官,而是远离奴性的跋涉。永远不当权贵的奴隶,同时也不当金钱的奴隶,就是我对自己的最高要求。只要我做到了这一点我就认为我是很不错的,了不起的。当然也是很优秀的。

我的"优秀观",是不是有点与众不同呢?

在漫长的自学写作的过程中,没有这样一种人生信念,没有这种优秀感作为一种非同寻常的精神营养,我的奋斗精

神恐怕早就在无边的寂寞和无数的挫折中枯萎了，凋零了。所以我才一再跟找上门来的文学青年说：保持人格的独立和灵性的自由，比什么都宝贵都重要。

令人欣慰的是，我和我的一些朋友都是做到了这一点的。仅仅做到了这一点，我们就多少有了一点超凡脱俗的精神丰采，就多少有了一点与众不同的神情气韵。我们在一个小地方，就能叫人刮目相看。

我们不能不承认，仅仅靠我们的写作，无论如何也不能为我们带来令人称羡的存款和权势。甚至连令人窘迫的生活条件也难以改善。这就难免使那些崇尚权势眼馋富贵的人，把我们看得渺小而又卑微，从而"献"上许多的热嘲与冷讽。

但这一点也动摇不了我们的信念，更不能使我们自惭形秽顾影自怜。

他们既然是这种人，他们也就不可能透过我们的自信和坚定，看见我们内心的优秀感，看见具有这种优秀感的我们，是怎样地背靠着历史，展望和拥有着未来。

未来的大门必定会对优秀的人敞开，未来的人们必定会为优秀的人正名。我曾在一篇文章中说：人在最困难的时候，支撑他的最有力的力量，就是未来。谁说未来是看不见也摸不着的？在有信念的人那里，未来比现在更容易让他牢牢抓在手里。

当然，我们并不是要刻意地想成为"笑在最后的人"，也不是想成为名垂千古的人。我们对未来的向往和期待，恰好表明我们并不怎么看重个人的成败和一己的名利。未来属于所有推动人类进步的人们。展示人类进步的未来，也总是会造就无数具有强大精神动力和坚定信念的人。

我们的优秀感，恰好就来自于我们的这种努力，这种思考。而写作，只是表明了我们努力的方式，同时也标示着我们思考的方向和价值。也就是说，拥有这种优秀感的，并不仅仅只是我们这些热爱写作的人。

我当然知道，我就是这样说了也未必能得到某些人的理解。好在我们并不是一些离开了别人的理解就活不下去的人。

我真正想说的是，一个活出了优秀感的人，绝对是权势和富贵打倒不了的，也绝对是清贫和挫折征服不了的。所以我们都认为，人生在世，重要的是活出、拥有这种优秀感。

人生必须有取舍

把自己当作一条野蚕

小时候，我就特别爱养蚕，我的许多养蚕故事，还被我写进文章里，让我赚了不少稿费。辞职回家之后，时间可以自由支配了，我又"重操旧业"，养起蚕来。

养蚕就要不断地跑出去采桑叶。采桑叶可真是一种享受啊。它可以让我不断地跑进明媚的阳光里，跑进清新的空气里，跑进缀着露珠的草丛树蔓里。我的血脉里，自然也就涌动着春天的节奏，脑子里也不断闪现出诗意的灵光，平淡的日子，也就多出许多滋味。

有一次雨后初晴，我出去采桑叶，当我骑着车子来到一棵两人多高的桑树下时，眼前的景象，一下子把我惊呆了！只见几十条大大小小的野蚕正悬在空中，在用它们的那几只小手挽着垂挂在桑树上的那根亮闪闪的蚕丝，奋力往上攀呢。我立刻就明白了：是刚才的那场风暴将它们吹落下来，但它们却在被吹落的一刹那，将肚子里的蚕丝及时地吐出来粘连在桑树的枝叶上，一待风暴平息了，它们就可以顺着自己吐出的丝，攀回到它们赖以生存的乐园。

我立刻就对这些野蚕充满了敬意！

回到家来，望着自己养的那些白白胖胖的家蚕，我想它们还有那种被风暴吹落后重新攀上枝头的能力吗？于是我找来一根小棍，让一只家蚕吐丝在上面，然后把它悬在空中，看它怎么办。嗯，还有谁像我这样，竟然想到要做这样一种实验呢？

它开始呆在那里，一动也不动。是不是它已丧失了往上攀的天性与能力了？是不是长期的"养尊处优"的生活，已经让它拿眼前的"灾难"没有办法了？可正在我对它深感失望的时候，它开始慢慢地扭动着身子，艰难地挽着怀里的丝，往上攀了。那一刻我是多么高兴啊！那一刻我是多么兴奋啊！我恨不得为它大声地为它鼓掌欢呼。欢呼它基因中的那种野性——那种在危难中自我拯救的野性，并没有因为一代又一代的家养而丧失！

家蚕也有重新返回自己失去的乐园的能力！

我曾经也是一条家蚕。现在我已变成一条野蚕了，变成了一条可以在有风暴也有彩虹的野外环境里，自己找食自己吃的野蚕了。嗯，这有什么不好呢？不，这样活着本来是一件挺好的事情啊。

哦，有天又去采桑叶，等我将刚采回来的桑叶撒给蚕吃时，竟然发现有条又黑又瘦的野蚕，被我连同桑叶一起采回来了。呵呵，别看那条野蚕又黑又瘦，可是它的动作却比那些又白又胖的家蚕灵敏多了。它在那些家蚕中间，不停地爬呀，爬呀，直到爬到盒子外。我把它捉到盒子中间的桑叶上，希望它能跟家蚕一起吃桑叶，但它仍然一直不停在到处乱爬。不，应该说它不是在那里乱爬，它肯定是觉得这儿不对，它肯定是在寻找它失去的那片乐园——尽管那里常常有风暴袭

击,它也希望回到那里去。

于是,我找来一个小盒子把它装好,然后骑上自行车,一直骑了三四里路,把它重新放到我刚才采桑叶的那棵桑树上。

我这是在爱护和保护一只野蚕吗?我分明是在爱护和保护我自己!

卖文为生的尊严

与诗人痖弦先生书来信往,已有好多年了。其实是我每次给他写信,他再忙也会抽时间回信。他对文学后辈的诚恳与认真,热忱与慈爱,常常令我感动。

我自然要在信中说到我从单位里辞职出来,走上完全以写作为生的道路这件事,对此,痖弦先生给予了热情的肯定和赞许。我觉得最是让我心里砰然一动的,是他每次都在信中说:这样做是很有尊严的。

"你能靠笔耕维持生活,这是很有尊严的,咱中国文人自古以来就是如此营生,苏东坡郑板桥也不例外。"

"卖文维生自古有其尊严,但也辛苦,希望你坚持下去。"

2001年3月下旬收到他写于台湾东华大学的信,他又在信中说:"你这些年完全靠写作维生,这很不容易,也很有尊严。"

是的,我辞职出来做自由写作人,就是冲着"尊严"——过一种更有尊严的生活来的。这种尊严就表现在"卖文"一方和"买文"一方,其关系更接近于平等与自愿。在这种关系中,我的思想和智慧将会得到最大程度的尊重。

和我做"生意"的媒体,可以拒绝我,但却不可能强迫我。

我也不会强迫我自己。每天每天,我只要顺着我的灵思,写出我对这个世界的情感与思考就行。尽可能写得有个性,尽可能写得能与更多的读者心灵相通。

有人说我这样做,是一时感情冲动的结果,这话传到我这里来,我是一笑置之。我承认没有足够强烈的感情冲动,我不可能这样做,同时我也非常看重我活到四十岁了,还有如此强烈的感情冲动!单凭这一点,就让我深感欣慰乃至自豪。

但我不能同意我这样做是"一时感情冲动"的说法。

是不是一时冲动我自己心里最清楚。从青海退休回来,因为能写,我虽然被安排在农机研究所里当工人,但上班的第一天我就被抽到局里去"坐机关"了,一个月后又被抽到了县农委。有一次我带着一个调查组,在一个村子里反反复复地搞了一个月的调查,结果调查报告递上去,上面却让我把所有的数字翻一番——让农民在这个假材料里种更多的粮,养更多的猪,卖更多的蛋,赚更多的钱。

当时就惊得我愣在那里。我想这种事咱不能干,宁愿回去当工人也不能干。在我看来,在这里写一辈子与自己的所见所思不一样的东西,虽然可以混个一官半职,住好房子,过"体面"日子,但人的生命到头来却会是一个空壳,并且还会有一种自欺欺人的耻辱感!

那时候我才二十出头的年纪,年纪轻轻就穿着中山服出入县委大院,真是令不少人对我刮目相看,走在街上,不少年长的人都与我主动打招呼,更有不少女孩子变着法子追求我。

可当我主动要求回到车间穿起油腻的工作服，再走在街上，过去的热脸也就变成了冷脸，那些追求我的女孩子也纷纷掉头而去。我自己却觉得这样活着好，这样活着真实。

不过我还是爱写，我也仍然在写，那时候我一年的稿费虽然只有十来元，但我却幻想着有一天稿费能超过我的工资，超过了我的工资我就可以过一种完全以写作为生的生活，让自己的心灵和性灵完全舒展起来，让自己的头顶上没有任何遮掩。

什么叫有尊严？有尊严就是能够充分地尊重自己，能够让自己的所爱所憎自由自在地表现出来，不看任何人的脸色行事。

或许在某些人眼里我是混栽了，是混得不如人了，但在我看来，这恰好是我达到我的人生的最高追求，是比很多人都活得舒展而美妙的。

我的生活没"级别"

遇着一个在机关里过得很憋气的文友,说还是像我这样离开单位,做谁也管不着的自由撰稿人才好,但是又说:"像你这种能力,如果是在美国,那会过得更好,说不定就能过上相当于厅局长一级的生活。"

我立刻就笑着说:"你认为我现在的生活不如厅局长好吗?生活好的标志,难道就是像厅局长那样有小车坐有豪华房子住吗?老实说,我倒认为有相当多的厅局长的生活没有我过得好呢——他们能像我这样在任何人面前都能把腰杆挺得直直的吗?他们能拥有我这样一种无忧无惧安宁踏实的内心世界吗?"

老实说,我非常不喜欢有人把"行政级别"往我身上套。我加入省作协的时候,我的父亲曾问我:"一个省作家协会的会员,能不能相当于一个副县级?"当时就问得我很不舒服,好在我辞掉我身上的那个"副科级"的行政级别、从单位里出来的时候,他是完全赞同的,连声说"自力更生好,自力更生好",才拂去了他留在我心里的那一块阴影。

我之所以要辞职出来,很重要的一个原因,就是要过一种没有"级别"的生活。没有下级，也没有上级。

我当然知道，很多搞写作的人，真正看重的并不是作品，而是级别——是为了让自己过上一种有级别的生活。所以很多人，一旦过上有级别的生活了，作品就一天天地少了，伪了，劣了，最后干脆连伪的劣的也看不见了。

因为级别的缝隙就那么大，或者就那么小——小到你要想在这个级别的缝隙里待下去，很多东西你都必须丢掉。什么真思想真感情真灵魂，你都得统统丢掉。只有把这些东西丢掉了，你才能卑躬屈膝、柔若无骨地在那个级别的缝隙里待下去。

有次遇到一个曾经搞过写作的朋友，问他调到专门搞写作的机关去了，为什么报刊上看见他的作品反而少了，他苦苦一笑说："有时候也想写，但是想想那个东西写出来，不仅上级看见了不高兴，而且下级看见了也会不高兴，这样七想八想，也就没有写的劲头了。"

是呀，级别的缝隙，往往就是由上级与下级构成的。那样的一个缝隙，往往只能容得下一张剔除了真情的嘴脸，一副抛弃了灵魂的躯壳！想想看，一个只剩下这样一张嘴脸这样一个躯壳的人，你还能指望他拿出具有大善大美大爱大憎的作品来吗？

但是有些人偏偏就喜欢过这种有级别的生活。因为这种级别往往与世俗的虚荣和某种奢华的物质享受紧密地联系在一起。哪怕那个级别仅仅是个括号，里面写着相当于什么什么级，他也可以在自己的想象里去陶醉于那些空中楼阁似的级别待遇。

不过据我所知，这些人外表上看起来往往派头十足，还

人生必须有取舍

拿腔拿调地做出一副什么样子，但是他们的那个早已丢掉了灵魂的肚子里，却是可以倒出一桶又一桶的苦水来的。也就是说，他们实际上过得并不幸福。哪怕有些人有小车坐，有豪华房子住，也过得并不幸福。我可以武断地说，行政的级别也好，作家的级别也好，都不能决定幸福的级别，同时也不能决定生活质量的级别。

所以我不喜欢有人将我的生活，跟级别扯在一起来说。

我认为最好的生活，就是我目前的生活：我说话做事，不需要看任何人的脸色，文章我想怎么写就怎么写——写出来一点也不怕得罪人。也就是说，我的身心是自由的，心情是明媚的，心态是安恬而自信的。我的物质生活条件也是可以让我感到温暖和舒适的。

我也并不认为我到了美国，就一定会比现在生活得更好。——我就是希望能在中国的国土上，创造自己最好的生活。怎么创造呢？首先就是抛弃身上的级别，把心灵中的级别意识剔除得干干净净！

死也不接受落后的东西

当我辞职回家完全以写作为生的时候，不少人都认为这"太冒险了"，有人甚至认为这是"死路一条"。是呀，完全靠写文章养家糊口，在孝感这块土地上，除了我能够坚持下来，随后的几个跟进的人，都半途而废了。一年又一年过去，我不仅仍然靠写文章活着，而且收入也并不比上班时少。特别重要的是，我的肚子仍然没有写空，文思仍然没有枯竭——仍然保持着每年数十万字的写作进度。

于是就有人感叹我"特别能写"，"天生的就是搞写作的料"。

唉，他们哪里知道，我刚开始学习写作的时候，很多人都是认为我没有写作才华的，我被编辑退回来的各种稿子，至少有数千件之多。只有我自己知道，我能最终吃上写作这碗饭，最重要的是我始终没有在落后与邪恶的东西面前低头，没有让它们腐烂我的灵魂压垮我的精神污染我的情怀——使越来越多的人乐意透过我的文字欣赏我的为人，从我的为人中受到鼓舞得到启示。

呵，我的文章，大多都是写的我自己，写我自己的所经

所历，所思所想。

我清楚地记得，参加工作后，有一段时间我被抽调到一个局机关里当干部使用。有人对我说，要想把工作关系调到局里来，转成国家干部，光靠能力强表现好那是远远不够的，最好的办法还是认准一个人去投靠他，这样局领导中才会有人为你说话，你的事才好办。但我宁愿死也是不可能去投靠谁的。那等于是出卖自己的人格与尊严啊！那种人身依附的关系，绝对是丑恶的，落后的！一个人通过这种关系爬得再高也会跌落下来。我深信，深信。

我觉得人的一生，学好一两门专业知识，掌握一两门专业技能，并不是太难的事，真正难的，是一个人能够始终坚守"死也不接受落后的东西"的信念。坚守这一信念就意味着他在任何情况下都能自觉接受各种法规的约束，是在无论多么大的诱惑多么大的压力面前也不做任何出卖自己良知和人格的事。

一个人只要具有这样一种信念，能够这样去做，那就说明他是一个非常清醒非常明智的人。这样的人，他自然会把自己的时间与精力都用在走正道上，学习真本事上，他也会因为最终使自己成为一个拥有真才实学的人，而实现自己的人生价值，创造自己的幸福生活。

这些年我是一直坚守着我的这种做人的准则来做人的。在某些人看来，我为此吃了太多的"眼前亏"和"闷亏"，但我自己却认为那些亏都是必须吃的，那些亏不吃我必定会吃更大的亏，也必定不会拥有主动"下岗"的勇气与能力，不会因为自己的思想顺应了时代的发展而可以源源不断地写出各种形式的作品来。

死也不接受落后的东西，一个坚守这种信念的人，他反而会从困境乃至险境里走出一条生路来，他也必定会拥有一个美好而光明的未来。我深信，深信。

人生必须有取舍

我也是靠有想法的人养活着

"他完全靠稿费活着。"朋友们总喜欢这样介绍我。意思是我是一个不拿工资的作家。这样说没有什么不对。但我却喜欢对朋友们的这个说法进行一下更正:"不,我是靠有想法的人养活着。"

说得朋友们不由得笑起来。我的朋友——经过多年"筛选"剩下来的朋友,都是有想法的人。我这样说,对他们也是一种间接的赞美。我当然也是想赞美他们,但我这样说,更是为了让自己的目光更高地越过稿费看到想法。

让自己的目光更多地看到想法,看到有想法的人,这对我的写作非常重要。

我是怎么想到这一点的呢?那是前两年,在我将我的那些文章整理成书稿的时候,我惊奇地发现,同是亲朋好友,有的人,我写他的文章有很多篇,而有的人竟然一篇也没写。难道,我是一个厚此薄彼的人?当然不是。那么,我是一个在观察能力上存在着某种"盲区"的人?我想,这个就是有,也不至于那么严重。作为我这样一个完全以写作为生的人,我的观察的思考的"雷达",那是对谁都不会故意遗漏的。

那么，我的写作中，怎么会有这种厚此薄彼的现象？回答这个问题其实并不复杂：是有的人活得总是很有想法，而有的人活得总是没有想法。

有想法的人，他的谈吐往往一下子就能抓住我，就能自然而然地让我舍得拿出时间跟他深谈，还要深入交往——保持密切的"热线联系"，举行"定期会谈"。我发现有想法的人，不是活得意气风发，就是活得拼劲十足；不是活得个性分明，就是活得时尚前卫；他们的人生故事，往往就特别的精彩、别致、有内涵，容易给人鼓舞和启迪。

这样的人，这样的事，写出来，自然就容易发表。

怎么叫活得有想法呢？就是一事当前，总是能开动自己的脑子想问题，总是能拿出与众不同的主张来。哪怕面对的是一个权威，是一个地位很高的人，他也能不迷信，不盲从。对了，一个人活得没有想法，他其实就是被权威和有地位的人搞糊涂了。是被古今中外的权威和权贵搞糊涂了——在这些人面前交出了自己的脑子，不加辨别地信奉他们的大话套话鬼话胡话，以及曾经正确现在已经过时的废话。

人与人的区别，往往就表现在对权威权贵的态度上。那些有创见有创新精神的人，更看重的是自己的切身感受和现实处境，而非权威权贵怎么说。这种人的想法，有时候真的就是无价之宝，是极其美好和重要的精神、物质财富的源泉！

我显然是这种人的受益者。我想我的我是靠有想法的人养活着的说法，虽然有嫌夸张，但它却更接近事物的本质，是更接近写作的本质。写作到底是干什么的？写作就是要不断地为世人贡献出新鲜独到的想法，把那些有想法的人的精神风貌和精彩故事呈现出来。这个问题不弄懂，还能源源不

断地把稿费赚回来？还要恒久地保持住自己的写作生命力？不可能嘛。

当然，我自己也是一个有想法的人，更多的情况下，我是靠我自己的想法来养活。

肚子写不空的"秘密"

"你要是把肚子写空了,那可怎么办啊!"我辞职的时候,不少关心我的人这么说,其中不少人还是写了一辈子的老前辈。在他们看来,写作是会把肚子写空的,肚子写空了就没得写了,如果这时候你没有单位,没有经济来源,你就得饿肚子了。但我还是毅然决然地把职辞了。有人就担心我今后会活得很惨。他们的关心,他们的好意,我表示感谢,但我不相信我真的会有肚子被写空的那一天。我坚信人与人是不一样的,人与人的肚子也是不一样的。

我心里明白,只要我的文章在到处发表,我就在向世人证明:我的肚子还没写空。证明一年,两年,三年,都不够。这里说的"世人",其实也就只是那些关心、关注我的人。他们加起来恐怕还不到一百人。就是在全省范围内,也不会多到一千人。

终于,我证明到了第十年。在我辞职十周年的纪念日里,妻子笑着问我:"此时此刻,你最大的欣慰是什么?"她能如此轻松地问我这个问题,真是让我欣慰。曾经,她的神经,也是暗自绷得紧紧的。

我笑说:"是我的肚子没写空。"

这十年来,我写的文章至少有两千五百多篇,但现在,我的脑子里,仍然挤满了文章,或者说我的肚子里,仍然有许多的文章在那里孕育着。

这些年,也总有人上门来,向我讨教肚子不被写空的秘密。一个人说他只写了一百多篇,就再也写不出来了,我问怎么会这样呢?他说他已经他所有的亲朋都写遍了。哦,他是"小我"写完了,肚子就空了。

一个说他也想走完全靠写作为生的道路,但坚持了两三年,就再也坚持不下去了,我问他是怎么写作的,他说他要攻哪一家杂志,就把哪家杂志买一大摞回来看,时间一长,就觉得这样写作太累了,同时也觉得自己像一管牙膏似的被挤干净了。他尝遍了迎合别人的苦头,肚子就空了。

还有的人,是年纪一大就没有激情了(激情没有了,肚子就空了),是明白了自己再怎么写也出不了名于是没有写作的动力了(动力没有了,肚子就空了),是日子可过了写不写都无谓了(忧愁没有了,肚子就空了)。

对于我这个没有多少写作才华的人来说,我的肚子至今没有被写空的秘密就在于:我的写作,早已变成了我向这个世界提意见的方式。从走上社会起,每次外出,我都会在火车上轮船上旅馆里的意见簿上,留下我的意见。他们做得好的,我就表扬,他们做得不好的,我就批评。后来我意识到,其实我写文章,也是在给别人提意见。只不过是在用文学的方式提。

在这个世界上,不论是谁,不论他是大总统,还是小职员,只要我认为他做得对的,我就写文章表扬,只要我认为他做得错的，我就写文章批评。我一点也不认为，他们的所作所为与我无关。我认为这世界上任何一个人的所作所为都会或直接或间接或潜在地影响到我的生存，影响到我孩子的生存，对此我不能袖手旁观坐视不理，更不能听之任之麻木不仁。

所以对于我来说，提高写作水平，主要就是提高对这个世界提意见的水平——要使自己的意见提得有见识，有说服力，同时也要让别人乐意听，乐意接受。为了能给这个世界提出有价值的意见，我首先就得对这个世界怀着一副火热的心肠，一种强烈的责任感，我就得不断地去寻求这个世界上最先进的思想理念，就得让自己拥有最能与他人心灵相通的思想情感，我就得不断在超越自我的过程中表达自我，在不断地表达自我的过程中超越自我——让自己的这个"小我"不断变得独特、变得敏锐、变得不断可以代表更多的人说话（或者说让自己说的话尽可能能代表更多人的意愿）。我这样写文章，不仅总能发表，而且也总能得奖。

刚辞职那阵子，我的妻子还会带着一种担忧的神色说："你要是总像这样有东西写，那该多好啊。"但仅仅只过了几年时间，她就再也不说这种担心的话了。我已经用事实证明，她的那种担心，对我根本就不是一个问题。

这个世界虽然总在朝着美好的方向变，但在这个过程中，这个世界却总是有着那么多的不美好的东西冒出来，总有那么多的令人愤怒的东西冒出来，于是就有很多很多的思考很多很多的想法从我的脑子里冒出来，让我产生写的冲动——产生给这个世界提意见的冲动，我就总是怀着一种让我们的世界更美好的愿望在那里写呀写，我的文章就总也写不完，我的肚子就总也写不空。

我的想法一点也不狂

我有一句话说出来记者们恐怕会不高兴，但我的朋友们听了，都忍不住哈哈大笑。这句话也是回答我的朋友们的，他们老是问我这个从来不去采访的人，哪有那么多的东西可写。我就说：天底下所有的记者，都在钻墙打洞挖空心思地为我采访呢！

那些自称"无冕之王"的记者本身都够狂的了，没想到你比记者们还狂。朋友们笑我说。我说我这话听起来狂，实际上对他们却是一种很好的尊重。

有人善于利用和享受他们的劳动成果，他们应该是很高兴的呀。

是利用和"研究"，是吸收和享受，而不是抄袭和剽窃。

是利用他们采写的新闻来思考来创作，是享受他们为我提供了"秀才不出门全知天下事"的安逸和快乐。

我不能说离开了记者们采写的新闻，我就无法思考和创作了，但我一看报纸电视上的新闻就能产生灵感就能找到写作材料却是事实。记者们采写的那些常常令人耳目为之一新心弦为之一动的新闻，使我一次又一次产生出如获至宝的感觉。"这篇新闻简直就是专门为我采写的呀！"好多次我甚至发出这样的感叹。

如第一次海湾战争期间，偶然在报纸上看到的一条消息，让我写出了一首题为《写给一位英国皇家空军驾驶员》的诗，发表在当时的《诗歌报月刊》上；第二次海湾战争期间，也是来自报纸上的一条消息，让我写出了题为《枪托上的全家福》，发表在当时的香港《大公报》文学副刊上。

人家记者发表的消息，当然不是"专门"为我采写的。人家记者们总是想着他们采写的新闻能对尽可能多的人产生价值。好的记者肯定是胸怀着全世界的，他们的眼光也总是瞄准着世界的方方面面角角落落。

这就更是使我受益。他们采写的新闻来自世界各地，我的视野也扩大到世界各地，我思考的范围也扩大到世界各地，我写的文章也发表到世界各地。

我真不知道怎样感谢世界各地的记者们才好！但同时，我也觉得我的"天底下所有的记者都在为我采访"的想法很重要。正因为有我的这种想法在，处在一个小地方的我，才并不觉得自己渺小和孤独，才会觉得自己和世界上的许多人都有联系，才不会有那种"孤军奋战"的悲哀和"弹尽粮绝"的恐惧，我才能越活越有底气，越活越有气韵。

其实你也可以想"天底下所有的科学家都在为我搞研究""天底下所有的工厂都在为我研制新产品""天底下所有的艺术家都在为我创作和表演"……你只要这样想了你的感觉就绝对不一样，你只要具备了利用和享受别人的劳动成果同时又能为别人创造劳动成果的能力，你就自然而然加入到了"一人为大家，大家为一人"的行列，你也就会活得洒脱

而又自信。

　　一个普通人能够活出这种劲头能够活到这个份上,不正是无数仁人志士伟人豪杰所希望的吗?不正是社会发展进步的一个显著标志吗?

　　所以我一点也不认为我那样想那样说是什么"狂"。

　　这个世界,真的是非常值得信赖更是非常可爱的啊!

自由与枯枝

在网上读到野生大熊猫饿得吃枯枝的消息,我的心里不由得一惊,一痛!我的眼前,仿佛一下就跳出一只饥不择食的野生大熊猫,在到处都落满了积雪的深山老林里,不得不抱着枯干的枝子往嘴里塞的可怜相。我自然而然地就想到:或许今后的某一天,我也会落到吃"枯枝"的地步?

自从我辞职出来,做了完全以写作为生的自由写作人,我也成了一只必须自己到处找食吃的"野生熊猫"。从此,再没有了"按时领工资"这一说。别人每次嚷嚷着涨工资的时候,我都会跟自己说:别受干扰,安心写自己的。除了有客人来,或者是生病,我大多数时间都待在电脑跟前。可是我的心,却跟野生的大熊猫一样,漫山遍野地在那里跑呀跑——看哪里可以弄到一口鲜美的嫩竹子。

当然,是我的思维在跑,是我的脑子在转。所谓"野",对于我来说,最大的标志,就是我的思维必须是野的,脑子必须是野的——是不能受任何条条框框束缚的。我辞职的目的,就是为了不再让我的思想与灵魂,生活在某种围墙里,

某种限制里。

我享受到的自由,主要就表现在:从那以后,再没有人可以安排我今天做什么明天做什么,再没有人可以组织我学习什么文件表明什么态度,再没有我不喜欢的人我不想见的人跟我朝夕相处让我心生厌烦。当然,我得为此付出我必须为我的生存负全责的代价——我的每一口饭都必须由我自己弄到嘴里来。

"真羡慕你过得如此自由啊。"好多人都跟我说过这样的话。但总是说说而已。人家当然知道,我的自由是与我的生存的艰难紧密地联系在一起的。就像野生熊猫,它的自由肯定是与枯枝联系在一起的。春天夏天的时候,野生熊猫也是可以吃得很有滋味的,但是到了秋天呢?特别是到了大雪封山的冬天呢?那时候,它就得用吃枯枝的方式来维持它的生命——维持它的自由。

自由的野生熊猫,它的自由,是不能只靠欣欣向荣的春天夏天来滋养的,它必须得从肃杀的秋天严酷的冬天里为自己的自由寻求营养。这个心理准备,它恐怕是有的。

虽然辞职以来,我还从来没有弄到过缺粮断饮需要吃"枯枝"的地步,但偶尔一阵"秋风"吹过,偶尔几片"雪花"飞来,也会让我油然生出某种莫名的危机感。其实,对于"野生"的我来说,这应该是一种很正常的心理反应啊。就算真的有那么一天,我也得靠"枯枝"来充饥了,那也没有什么好奇怪的啊。

谁说享受自由的人,就一定得年年月月生活在无忧无虑里,嘴里永远都甜甜地嚼着嫩嫩的"青枝绿叶"?

我不该为那个吃枯枝的野生熊猫心惊心痛的。这只说明,我对"野生"的意义,对"自由"的意义,理解得并不是那么到位与透彻。

所以此文写到这里,我的唇边,就露出会心的笑,甚至是开心的笑。

我有一个劳动人民的脑

妻子买回来一种炸薯片,吃起来是又香,又脆,又甜,一家人都喜欢。我在街上碰见了,也想买点回来。卖薯片的是位中年妇女,穿着一件蓝色的长布衫,脸上被冬天的风吹刮得红黑红黑,一双手,更是又黑又粗糙。

我问薯片多少钱一斤?她说四块五。我知道妻子买的是四块,便说:"红薯才卖两角五分钱一斤呢,你就卖四块五啊。"她说:"可是总得要人做出来啊,你看我这手,为做炸薯片都弄成这个样子了。"

旁边一些做生意的人也帮着她说:"是呀,你看她那手,简直像男人的手,你再看看你那双手,简直比女人的手还白还嫩。""真的,一看你那手,就知道那是享福人的手。"

说得我也笑起来。我说你们可以说我的手享福,但却不能说它是享福人的手。

要说我的这双手跟着我,虽然也遭过不少罪,但总的来说,它们真的是越来越享福了。

自从我辞职成了自由写作人,它们的工作就是待在键盘上,等我的脑子想好一个词或者一句话,它们就轻轻地按那么一下子，按完了就待在那里继续等着我的脑子想。很多很多时候，我的那些已经变得白白嫩嫩的手指头，一个个真的就像些无所事事的懒虫，爬在键盘上一动也不动，倒是我的脑子，总是在那里飞快地运转苦苦地思索，简直比劳动模范还劳动模范。

就是我离开电脑了，两只手更是处在放松和休闲的状态了，我的脑子仍然没有停下来，仍然在沿着某个若隐若现甚至可以说是若有若无的思路，在那里寻寻觅觅，在那里推推敲敲，在那里顽强地进行着文化精神产品的构思与创造。

是的，我的这双享福的手，已经养尊处优得有了一副令人嫉妒的模样，那些我在当下放知青、当铁道兵和当拖拉机修理工时留在它们上面的痕迹，已经消失得觅不到一丝一毫的踪迹。以致有个在"文革"中挨过整的人曾经笑着跟我说："若是在文革那阵子，光凭你这双手，就有人会跟你过不去的，因为他们会说你这双手不像劳动人民的手，既然不是劳动人民的手，那就有可能是资产阶级的剥削阶级的手，他们就会因此而蔑视你，甚至随便找个什么理由批斗你。"

当时我就笑着说："哈哈，他们应该知道，我可是长着一个'劳动人民的脑子'的啊，光有劳动人民的手，而没有劳动人民的脑子，那也是不行的啊。"

可他仍然很认真地说："问题是我们国家的许多人，偏偏就是喜欢漠视'劳动人民的脑子'，他们看一个人是不是劳动人民，往往只看他的手是否粗糙，有力，会干活，而不管他的脑子是不是爱思考，是否有想象力和创造力。"

这可真是一件可怕的事情，好在现在已经没有人可以因为我长着一双貌似享福的手，而来批斗我了。

好在我自己从来没有漠视过我的脑子,并且还非常固执地把自己所有的希望都寄托在自己的脑子上。

我这个从小就体弱多病的人,从懂事的时候起,就开始渴望着能够成为一名用自己的脑子创造财富的"劳动人民"。真是苍天不负有心人,经过将近二十年的努力,我还终于实现了这个愿望——我现在赚的每一分钱,都是我用从我脑子里想出来的文章换来的。

在这个过程中,我的手就是再勤奋,再能吃苦耐劳,但如果我的脑子想的不对,我的脑子想出来的东西没有价值,它们也是白勤奋白忙活。特别是,如果脑子里没有东西想出来,那一双手就是想勤奋想忙活也白搭。

当然,这并意味着我会漠视那些用手吃饭的人。相反,我对他们非常尊重——远胜于他们对我的尊重。

尊重来自于懂。无数的用手吃饭的人,是不懂得我的。但我能理解他们的不懂。我只要我能懂得他们就行了。

如何让人对你说"没关系"?

"吃了晚餐,去市中心冰球馆看球。据说匹兹堡职业冰球队是全美最棒的,其中 25 岁的 87 号球员排名世界第一。匹队是在主场,人气旺,进了球,那音乐,那观众都是要叫得球馆翻天。有时候球没进,观众齐齐喊的是:没关系,没关系,没关系,真是让人感到温馨。巨大的温馨。"在美国匹斯堡探亲的赵金禾,给我发来这样一个电子邮件,我在回复中说:"平时很努力,让自己反复赢过很多次,别人才会跟你说没关系啊!"好多年了,我们一直保持着每天写信写邮件的习惯。

"哈哈,你的这个说法让我笑着点了好半天的头。是呀,要是匹兹堡职业冰球队老是像中国男足一样输球,而且还传出那么多混账事腐败事,人家的观众会说没关系吗?"他在回复中说。当然,不会。无数次,中国球迷,都是看到一半都开始喝倒彩。中国男足,实在是让他们伤心、失望太多了。

我的人生经验告诉我,别看那一句"没关系",只是动动嘴皮子,可人们却不会轻易把它说出口,不论是外国人,还是中国人,对这几个字的使用,都是非常的认真、严格

而又审慎。哪怕是朋友与朋友之间，亲戚与亲戚之间，甚至哪怕是夫妻之间，如果对方不是积累了足够的资本（事业上的，修养上的，感情上的，也包括物质上的），尽到了最大的努力，表现出了最大诚意，那么另一方，也不会轻易地说一声没关系。

比如我这个完全以写作为生的人，有时候收入少了，我就会跟妻子说："这个月不理想，稿费只有一千多一点。"妻子总说："没关系，就是一分钱也没有，我们的日子也照样过。"自然，每次听到她说"没关系"，我都会感到很温暖，很温馨。但如果我真的是每个月都只能挣几百元回来呢？她还会跟我说没关系吗？

记得我刚辞职那阵子，我每取一笔稿费，她都会在一个本子上签字。她要确信，我赚的稿费是可以养家糊口的。应该说，她做的没错。作为一个家庭主妇，她不可能容忍我这个大男人做出对家庭不负责的事情。但是只签了几年，她就不签了，因为她已经确信了我的稿费收入，总是处在一个让她放心的状态，特别是，我在家里的工作表现，我的自我管理能力，已完全取得她的信任。现在，已经十六年过去，她对我的这种信任，没有丝毫的改变。她也忍不住对我们的女儿说："这么多年来，你爸爸从来就没有睡过一次懒觉，从来就没有虚度过一天光阴，能够做到这一点，真是不容易！"

我心里很清楚，要人对你说没关系——要人谅解你，包容你，再给你机会，那绝对是要有条件的。这个条件就是：你平时要一直很努力。只要平时一直很努力，你的人生，才能处在一个不断积累的过程之中。是经验不断在积累，是成功不断在积累，是人脉不断在积累，是自信不断在积累。

只有创造了这种条件，取得了人们对你的足够信任，你就是偶尔失败了，跌倒了，你也会生活在一个很宽松的环境里，你也会继续得到人们的信赖与支持，你也就有机会反败为胜，重新站起来。反败为胜了，重新站起来了，你也就没有辜负别人的那一声没关系，你也就为下一次人们对你说没关系创造了新的条件！

再说一次不后悔

"你要是不辞职,现在的工资恐怕也涨到两千多了哦。"近段时间老是有人这样跟我说,并问我后不后悔。别人涨工资,特别是一涨再涨,这让我的心里不可能不起涟漪,不起波澜,但是说到后悔——我是那么好后悔的吗?

那年辞职时,我的工资——加上杂七杂八的,合计是六百余元。那时候我的稿费超过工资,很容易。一连好些年,我的稿费都比我亲朋好友的工资多。但是这几年,上班族的工资在涨,许多媒体的稿费标准却在降——降得各地的文友们发出一片片惊叹声,说再这么降,靠稿费生活的人真的得喝西北风了。

陆续传来各地的完全靠写作为生的文友,纷纷地有了写作以外的工作。写作,再次成为他们的业余爱好。

我现在的稿费再与我的亲朋好友的工资比起来,很难多到哪里去了,有时候还要少,甚至少许多。

但是只要想一想这么多来,我过的完全是一种主宰自己命运的生活,我的人际关系变得无比的单纯而可爱——我的生命根本不可能在复杂的人际关系中白白虚耗,我心情的天空不可能因为飘来谁的不好看的脸色而阴云密布，那些曾让我饱受折磨的明目张胆的不公正毫不讲理的潜规则统统都离我远去了，我就觉得我这些年活得非常值！我就觉得我继续活在这样一种生活里非常值！

当然，过这种生活是必须付出代价的。特别是用写作赚钱，每一天都得创新，每一篇文章都得跟以前的不一样。别人生产一种产品，只要有市场，可以几十年几百年地反复生产，人家只要反复生产这同一种产品就可成为千万富翁亿万富翁！写文章就不一样了，再好的文章你只能写这一次，卖这一次。

可因此就能说靠写文章过一生就划不来吗？正因为写文章要天天创新，要不断地进行自我更新自我超越，写文章的人才能享受到更多的精神上的飞翔，心灵上的愉悦，特别是那种美妙无比的不断地创造出新作品来的巨大的快感与冲动。

该有多少次，当我写出一个特别精彩的好句子，当我提炼出一个有价值的新观点，我会乐得情不自禁地哼起歌来。

任何一个时代，人生的财富与价值都是可以体现在心灵"存折"上的。人活着，不能都去比银行存折上的数字。我挣的钱，只要能供孩子把书读完，只要能保证我的最基本的生存需求，我以为这就是一个很大的胜利。

某些在银行存折上的数字比我多无数无数倍的人，他们可以炫耀给人看的那种金碧辉煌的富贵生活，我敢肯定那是不能剥开来让人看的。他们的精神生活到底有多么的空虚与无聊，内心世界到底又是怎样的渺小和阴暗，他们的人生的角角落落里到底隐藏着何等难以言说的耻辱与屈辱，这些只

有他们自己最清楚。在这一点上，我有充分的自信，我比那些人过得好！

　　面对日益严峻的写作形势，我的一位朋友这样勉励我说："你要有一颗钢铁般的心！"是的，我能在这条道路上走多远，这取决于我到底拥有一颗怎么样的心。但是无论如何，我首先得有一颗永不后悔的心！

小钱也能赢得笑脸

　　每次去取那些小钱的时候,她们都是一边把那些小钱递到我的手上,一边把甜美诚挚的笑容递到我的心上。每次受到这样的礼遇,我也总会对她们诚挚地说一声:"谢谢!"

　　我也真是要感谢她们。她们都是见过大钱的。别人取钱,都是几千几万甚至几十万的取,而我,总是几十几百的取。我注意观察过,她们对待那些"大钱"的态度,只是职业上的礼貌,脸上的笑容,只是从脸皮的浅表上一晃而过,技术上的含量,占到百分之八九十;但她们递到我心上的笑容,却是从心灵深处绽放出来,是含着足够多的肯定与尊重在里面的。

　　她们跟我,并没有特别的关系。她们只是读过我的文章——读过我的那些绝对不是冲着名利去写的文章(一个人的文章是冲着什么去的,读者一定读得出来)。哦,我的那些小钱都是别人给我寄来的稿费。已在这个城市生活了二十多年的我,已经让成千上万的稿费单,从世界各地像蝴蝶一样源源不断地飞向我们这个城市——飞到她们的手上。虽然

都是一些小钱,但那些从四面八方飞来的蝴蝶,总是源源不断地落在一个人的名字上,时间长了,想让目睹这一"奇迹"的人不惊奇,应该是不大可能的。

是的,我是一个用小钱创造了奇迹的人。在我们这个城市里,我肯定是收到稿费单最多的人。对于创造了某种奇迹的人,人们总是乐于用一种好奇的眼光去看他。记得有一次,有张稿费单的"流水码"出了问题,我到邮局里寻求解决办法。无意中,我敲开了一幢楼房里一间很大的正方形房间。房间里挨墙摆着几十台电脑,几十名工作人员正在集中精力地工作着。这时门口的一个人接过我的那张稿费单,不由说:"哦,你就是陈大超?"刹那之间,我听到了"哄"的一声爆响。是那几十个工作人员同时扭过头来发出来的爆响。我并没有听到有声音从她们嘴里发出来,但我却分明听到哄的一声爆响。难道是那几十双眼睛同时扭过来,聚焦到我身上的声音?关于那种声音是怎么发出来的,或者说是怎么产生的,我至今没有想明白。

但有一点我是明白的:人们对于我这个几十年来一以贯之地去呼唤平等捍卫尊严抨击邪恶传达善意坚守良知的人,是怀着好感怀着敬意的,甚至可以说是怀着深深的赞美之情向往之情的。不然这几十年来,那些服务窗口的工作人员,换了一茬又一茬,但不论是哪一茬,只要她们确认了我就是陈大超,她们立刻就会对我露出诚挚而美丽的笑脸。

我写这篇文章的目的,不是想说我有多么了不起,我只是想说:在这个世界上,金钱可以主宰很多东西,但金钱主宰不了人心;金钱可以赢得无数虚假的技术含量很高的笑脸,但金钱很难赢得发自内心的满含着真诚与赞美的笑脸；任何时候，我们都不要把金钱的力量看得过于强大；那种拥有了金钱就拥有了一切的想法，肯定是错误的。

  从那些笑脸里透露出来的信息让我心领神会，从那些笑脸里透露出来的信息让我活得更加坚定与自信。

人生必须有取舍

假若有人拍卖我

英国的一个 10 岁的小女孩,竟然将她的 61 岁的奶奶放到网上拍卖。她给奶奶标出的"售价"是 99 英镑。由于引来的竞拍者众多,在该信息被撤销之前,这位老奶奶的竞拍价已经"飙升"到了 2 万英镑!可奶奶说她不止这个价——"她说自己得值好几百万呢"。

一个在我这里做客的亲戚,看过这个新闻后笑着跟我说:"假若有人拍卖你,你说你能值多少钱呢?你会不会也跟那个老奶奶一样,认为自己值几百万呢?"

我想了想,故意跟他说:"在别人的眼里,我早已是个不值钱的人了,如果有人拍卖我,恐怕没有一个人会参加竞拍的。"

亲戚忙说:"你现在才 50 多岁,作为男人,这可正是大有作为的年龄啊。"

我笑一笑说:"我的一些朋友,50 岁刚到,就被逼着退居二线了。那些在机关里干的人,40 岁没提上去,这一生就废了。"

亲戚又说："如果说你是诗人是作家呢？"

我立刻摇头："如果是二十世纪八十年代，诗人作家凭一篇得奖作品就可以名震全国，得到突击提拔，可是现在呢？在人们的心目中，诗人作家如果不能进入财富榜，那他就不值一提。"

亲戚又说："那如果说你是个有思想有头脑的人呢？"

我又是摇头："有思想有头脑就喜欢分析，喜欢提出不同意见，这种人，最容易成为别人讨厌、排挤、打击甚至是下毒手的对象。——人家哪里还会舍得对你出大价钱呢。"

亲戚看了我好半天，说："没想到你这么一个自信的人，一说到竞拍，竟是如此没有底气啊。"

我说："是呀，如果我还活在一个可以把人拿来竞拍的时代，那我真的就是一钱不值了，更谈不上会活得自信而有底气了。"

那个英国小女孩子的做法，只能被当作恶作剧来理解。人被拍卖的历史早就结束了。如果真有人拿我来拍卖，那他就是违法的，只要他是一个能够承担法律责任的人，我就可以起诉他。任何一个人来到这个世界上，都是受到法律保护的——法律都赋予了他应有的人权，包括生存权、受教育权、就业权、言论自由权、选举权与被选举权等等。

一个拥有了这种种权利的人，不仅没人敢买，也是没人买得起的。要知道，一个人一生赚多少钱是可以算得清楚的，但他享有的种种权利值多少钱，却是无法算得清楚的，也是不能用金钱来计算的。

人生必须有取舍

从这个意义上说,每个享有法律赋予的种种权利的人,都是无价之宝。一个人,只要他能认识到自己是这样一种"无价之宝",只要他能够珍视法律赋予他的种种权利,并且能够依靠、利用这种种权利去挖掘、实现自己的人生价值和人生意义,他自然就会活得很乐观,很自信,很有底气。

第三辑

没有规矩不成方圆

不能让心里落满悲哀

一家杂志，转载了我的一篇作品，先后写了两封信，等了将近一年，都不见有稿费寄来。那篇作品的转载情况是上了网的，我每次在网上遇见它，心里就会有一种莫名的难受，也会有一种莫名的悲哀。被人轻视的悲哀，被人无视我的合法存在的悲哀。

合法存在，是以没人敢随便侵犯你的合法权益为基础的。

我已经明显感觉到这种悲哀已经像一粒种子一样生出根须来了，已经快要落在我心灵的土壤上了。不行，我不能接受这个事实，我不能让这个悲哀真的在我的心灵里生根发芽。

于是我给那家杂志打电话。写信费钱，打电话更费钱。费钱就费钱吧，钱费了可以再挣，但错过了将这个悲哀拒之我心扉之外的机会，这个悲哀就会永久地落在了我的心灵里。

没想到，对方竟然扯了一大堆刁难我的理由，还说那都是国家规定的。国家哪有那样的规定呢？国家再傻，也不可能颁布有利于损害公民合法权益的规定啊。于是我搬出国家保护著作权益的一条条明文规定来，把对方驳得无话可说。平时在酒桌上说笑话，开玩笑，我的嘴是那么的笨，但如果

真的弄到跟人讲起道理的地步，我相信，没几个人可以说得过我。

对方无话可说我就有话说了，我就说你们可以这样把作者不当人吗？作者创造了精神文化产品让你们转载了赚钱，你们不仅不主动跟作者联系，作者找上门来了你们还要这样刁难？如果都像你们这样，写文章的人还有活路？对方只好一个劲地道歉，并表示尽快将稿费寄来。

这一次，稿费真的是很快寄来了。是那个接电话的人寄的，他留言让我尽可能地回复一下。我当然回复了，这点礼貌我还是有的。我的回复是："稿费收到，谢谢你尊重了一个普通公民的合法权益，让有可能落在我心里的一个悲哀烟消云散。"

我不知道他会如何看待我这么一个人，这一点并不重要。重要的是，我不能做一个让自己的心灵里落满悲哀的人。我深知，人的笑脸，都是从心灵深处绽放出来的。一个心灵里落满了悲哀的人，他的笑脸必定是很少的，他就是笑，那笑容里面也必定会含满了深重的苦味。

小孩子为什么那么爱笑？小孩子的笑脸为什么那样甜、那样美？在我看来，那是因为各种各样的悲哀，还没落到小孩子的心里面去呀！

在这个世界上，有无数的快乐和欢乐，都得用没有悲哀的心灵去感受。一个人在这个世界上能享受到多少快乐和欢乐，那得看他拥有一颗什么样的心灵，那得看他的心灵里装着多少的悲哀。我深知，我要在这个世界上享受到尽可能多的快乐与欢乐，我就得好好守住我的这一颗心灵，我就得好好守住自己的合法权益。

生活在现代社会，一个人心灵的悲哀，往往都是别人侵犯了他的合法权益造成的。

一个人生活在这个世界上，最悲哀的事情是什么？有人说，是别人欺负你了侮辱你了，你拿他没有办法，别人就是往你嘴里塞一把苍蝇你也得吞下去。真的是没有办法吗？真的是只能把苍蝇默默地吞下去吗？我看不是。

我们只要把我们的权益跟法律联系起来，我们就会发现，我们的不被法律保护的权益已经很稀少了，我们只要稍稍抽出点时间，将保护我们权益的法律学习一下，并且在必要的时候将自己变成一个敢于跟任何人在法庭上见的人，我们就有可能将侵入到我们心灵的悲哀降低到最低点。

古人说，心可以为天堂，亦可以为地狱。在我看来，没有悲哀的心就是天堂，落满悲哀的心就是地狱。现在，我的心已经落下不少悲哀了，它已不能被称为天堂了，好在它还不是地狱，好在有很多的悲哀都被我拦截了，阻止了，粉碎了。那些已经落在我心里的悲哀，远远没有多到遮蔽我的整个心空的地步，也远远没有多到我对什么事都冷漠以对麻木不仁以至很难让别人看到我一张笑脸的地步。

我知道我必须保持在这样一种状态，今后的生活才会多少有一些明媚有一些快乐有一些生趣。

人生必须有取舍

人到底应该露什么脸?

有个作者在某网站发了一个贴子说:"我在北京某报上发了四五篇文章,可是好长时间了,却没收到一分钱的稿费,去信问也没有回音,不知其他在这家报纸上发过文章的文友情况如何?"

有个文友说:"我发了一篇文章,也是好长时间没收到稿费,我们应该写信去找他们的负责人要。"

另一个文友却说:"要什么呀,人家能让你在北京露个脸就算万幸了。"

这种"露脸"的说法,让我心里一惊!

除了事先有约定的,报刊发表了作者的作品,都应该按著作权法的有关规定付稿酬,不付稿酬就是侵犯了作者的合法权益。作者在报刊不付稿酬(有意或无意)的情况下,主动通过某种方式与报刊联系支付应得稿酬事宜,是完全应当的,是对自己的合法权益的尊重与维护,也是对整个国家的法制环境的自觉维护。

那种人家让你露个脸就算万幸了的想法,实际上是对自己作为一个公民的合法权益缺乏正确认识的表现,同时也是对一个公民的应该享有的合法权益不认真不尊重的表现。说得简单点,这其实是一种"不自重"的表现。

　　一个在法律上、法理上不自重的人,他也不会得到真正的尊重。他如果有权有钱,他得到的只能是吹捧,恭维。吹捧恭维不能算尊重。

　　一个对自己的合法权益都不认真不尊重不维护的人,你还能相信他能自觉地去认真对待认真维护其他人的合法权益吗?你还能相信他在尊重和维护社会正义与进步方面有所作为有所贡献吗?一个写作者如果不具备这种思想情怀与认真精神,他又能在写作的道路上走多远呢?他又能写出多么优秀的作品来呢?一个不具备这种思想情怀与认真精神的人,一个将发表文章仅仅视作"露脸"的人,那么他露的又是一个什么脸?

　　只能是露出一个自轻自贱的没有平等意识的脸。这样的文人多了,文人怎么能受到社会的尊重!人们不尊重这样的文人,那是活该!

　　"人家正是看准了这种心态,才敢把你的合法权益不当回事的,在中国,正是这种不懂得尊重自己的合法权益、对自己的合法权益不认真维护的人多了,那种敢于拿别人的合法权益不当回事的人才会多起来。让人感到可悲的是,能够发表文章的人,应该说知识水准和综合素质还是很不错的人,连他们都是看重虚名胜过看重自己的合法权益的人,这实在是叫人不好想。"将此事说与我的一位朋友听,朋友这样说。

　　这也正是我越来越乐意和勇于讨稿费的原因。我想就是作为一个普通的公民,我也是必须学会以其正当的方式,来维护自己的合法权益,也应该把一个人的合法权益看得比某

种虚荣更重要。

人，只能活在自己的合法权益里，而不能活在某种虚荣里。那种只想让别人"享受"虚荣而不想让别人享受合法权益的人，显然也是无视别人的人格和国家的法规的，理应受到批评和指责。

一个人就是要"露脸"，也应该露一个具有现代公民意识的脸——与任何人都能平等相待平等相处平等合作的脸！

谁动了我的"著作权"?

让自己写的东西变成铅字,这个梦想是在我读高中时产生的。当这个梦想变成现实的时候,我激动得浑身颤抖了足足有一个多小时,连牙齿都碰得磕磕的响。消息传到家里,父亲写信来说:"这是我们家祖祖辈辈都不敢想的啊!"

那是一篇登在《铁道兵报》上的新闻稿,我把它反反复复地数了好几遍:一共136个字。从青海高原退伍回家,我在《孝感报》上发表的一篇题为《春雨中》的小小说,母亲也是逐字数过的。我和我母亲的数,纯粹是在表达一种对出自"自己"手中的文字的珍爱之情,是想用自己的手,把那篇文章的每一个角落都好好抚摸一遍。

那时候在我们的感觉里,在报刊上发表文章,是一件多么荣耀多么有脸面的事啊!也就是说,那时候我们是根本没想到"著作权"的。

那时候只是想着,我只要写出名堂来了,就能让上面的人发现我,就能让我在"政治上"得到进步。实际上就是想当官。所以尽管那时候我发表的文章已经有稿费了,但我并不看重写文章带来的那几个钱。文章的经济价值,被我忽略

得就像它们根本不存在。那些不断发表出来的文章，在我眼里只是一块块的通向我的"政治前途"的垫脚砖。

直到在仕途上碰得焦头烂额，彻底断绝了那种在官场上谋取一官半职的妄想，我才在无限痛楚之中发现了文章的"经济价值"——是只要有一天我的文章能够为我换来足够多的稿费，我就可以完全靠写文章活着，可以完全靠文章的经济力量来支撑着我过一种"不看任何人脸色"的生活。

这种发现，它使得在谋取一官半职的道路上一败涂地伤痕累累的我，又一点点地爬了起来，又摇摇晃晃地一天天站稳了身子。这时候，我已经义无反顾地走到另一条道路上了，我也最终过上了一种拿自己的文章换饭吃的生活。

从这以后啊，我真的比任何时候都热爱写作了，也比以往任何时候都感觉着文章跟我很亲很亲。在这个世界上，只有我的文章不会背叛我，只有我的文章可以让人一次又一次的将钞票递到我的手里，可以让我将任何乞人怜悯与施舍的念头牢牢地踩在自己的脚下。

我也就觉得，没有一官半职也没有了单位的我，这样活着同样是有尊严的、"体面"的，有着它应有的人生价值。

不，上面有一句话说得不够准确。我的文章虽然不会背叛我，但它们却可被人强占了去——别人会通过侵犯我的著作权的形式，把我的文章创造的经济价值揣到他的荷包里去，而侵犯我的著作权，就等于是在侵犯我的公民权和生存权。

对于一个完全以写作为生的人来说，著作权就是他的"公民权"与"生存权"的最重要的体现形式和存在基础，也可以说就是他的命根子。也正因为如此，我才像珍视、捍卫自己的生命一样来珍视、捍卫自己的著作权，才会产生坚决将蛮横无理的侵犯我的著作权的网站告上法庭的决心与勇气！

　　我也真的将侵犯了我的著作权的一家知名网站告上了法庭。此事立刻引起强烈反响——《孝感晚报》和《楚天都市报》连续报道，人民网、新华网、大洋网、中国文学艺术联合会网都及时对此消息进行了转载报道，并且有一百多位名作家和自由写作人发贴、打电话进行声援。

　　谁动了我的著作权？这可不是一件小事情，更不是我一个人的事情！

我要享受一颗完整的太阳

发现一家挺大的网站,先后转载了我的二十多篇文章,我去信联系,请他们按照著作权法的相关规定付酬。他们虽然回了一个电话,但却说他们把钱付给了相关媒体,说他们不直接跟作者打交道。

用我的文章赚了钱,却把钱给了别人,还说不直接跟我打交道,这是什么道理?这显然侵犯了我的著作权。我便决定起诉他们。我早就做好了要好好打一场官司的心理准备。"需要找人吗?我认识法院的一位院长。"有人这样跟我说。我说不需要,我就是想赤手空拳地在法庭上走一遭。我的人生文章中,应该有这样一笔。

我知道打官司是非常麻烦的一件事。在这之前,很多文友跟我说到他们被媒体侵权的事,都是恨声如雷,也都想起诉,之所以不了了之,就是想到打官司太麻烦。

我同样是个怕麻烦的人,但我更是个说到做到的人。我在给他们的信中说过,超过两个月不付酬,我便要起诉他们。我自己说的话,必须由我自己来兑现,再麻烦也要兑现。在自己的合法权益面前怕麻烦,损害的不仅仅是自己的那些稿费的问题——别人无视我的合法权益，实际上是在无视我的合法存在，也等于是无视我作为一个公民的应有的人格与尊严。这才是我无法接受也无法忍受的。

真正进入到打官司的程序，麻烦也真的一个个接踵而至。光把相关的证据一个个从网上弄下来固定住，就要花去很多时间和精力。一点点事，人家法院就要你跑一趟。也应该跑，值得跑。这些时间和精力够我写好多篇文章，也够我赚好多稿费——远远超过我要那家网站必须支付的钱！

但我心里更清楚，我不能光算经济账。光算经济账是十分浅薄和错误的。我必须首先想到自己是一个合法的公民，必须首先让自己活在一个合法公民的合法权益不受侵犯的生活之中。如果不是这样，生活中所有的东西对我来说都是残缺不全的——连照耀我的太阳，支撑我的地球，我都会觉得它们残缺不全！

其实仔细想来，这个世界上有很多的人，都因为某些人肆无忌惮地侵权而活在一种残缺不全的生活之中。他们的经济利益是残缺不全的，他们的人格和尊严也是残缺不全的。他们不是不知道，他们只是因为怕麻烦或者不相信这个世界上有公正而不去争取。但这正是人家那些喜欢侵权的人所希望的，并且在那里暗中窃笑。人家就是希望你在维护自己的权益的过程中，被形形色色的麻烦和困难所吓倒，然后知难而退，然后麻木不仁且装模作样地生活在一种残缺不全的生活之中。

我不知道这种麻木不仁装模作样的心态到底是怎样形成的，我只知道很多人的高楼大厦金碧辉煌风光体面趾高气扬冠冕堂皇都是建立在这种心态之上的！很多时候，我都仿佛

看见这些人一边在肆意侵犯着我们这些普通人的权益，一边在心里对我们发出轻蔑的冷笑！所以在我眼里，不论他们表面上是多么的道貌岸然正人君子，他们的嘴脸都是无比的丑陋和卑鄙！

在这些人面前，法律是我们唯一可以依仗的武器。也只有拿起这个武器，我们才能变得昂首挺胸，变得光明正大，才能与侵害我们权益的人平等地坐在一起说话——可以在法理的支持下表达我们正义的诉求和愤怒！

老实说，这些日子我只要一想到我正在一步步地走向这样一种情景，我的心里就感觉到一种莫大的欣悦和快慰！因为这件事足可以证明我的心绝不是侵权者可以肆意践踏的乐土！我活到四十多岁仍然是一个人格健全的人，仍然不可以接受任何人强加到我身上的任何屈辱！

在这个世界上，我可以很普通，很贫穷，但是在法理的意义上，我必须享受到一颗完整的太阳！任何人侵犯了我的合法权益——破坏了我享受一颗完整太阳的美好感觉，我就要拿起法律的武器，让他跟我平等地坐在法庭上接受审判！

我总是想得很简单

"你告的是那么大一个网站,而你则是单枪匹马的一个人,人家跟你比起来,是那么强大——所以你这个官司打起来,肯定很难很难。"一个熟人跟我这样说。他还笑着说:"更何况你现在连个单位都没有了。"是的,我已经与单位彻底"脱钩"了,我现在不论干什么,都是以"个人"的身份出现。

也许因为我还有一个"省作家协会会员"的身份,所以就有人问我:"你起诉那家网站侵犯你的著作权,省作协知道吗?法院开庭的那天,省作协来人了吗?如果他们来人了,恐怕会对你有帮助些。"

我说我没想到要让省作协知道,我也不认为省作协来了人,就会加强我的什么力量。——我这样说,并不是说我认为省作协不重要,而是我觉得一个公民在《宪法》下行事,他本身并不应该是孤立的,他的官司能否打赢,只应该与他的诉讼是否能够在法理上站住脚,是否能够得到相关法律条文的有力支持有关,而与他有没有单位无关。

当然,我希望在声援我的队伍里,有作协的身影出现。只是,他们的身影始终待在那里没有动一动。当然,这只是

他们自己的缺位。也许在他们眼里,我这个人的份量很轻。但在我眼里,他们的缺位,只能说明他们有时候并不知道以什么为重。我也因此,不再承认自己是一个作协会员!我这一生,今后再也不会加入任何组织。

在我的感觉里,那个侵犯我著作权的网站,并不存在强不强大的问题。在它面前,我唯一要做的事情,就是收集我的作品被它反复侵权的证据(我一边告它,它一边转载我的作品,从二十多篇转到四十多篇),然后准确地弄清楚这种行为到底违背了《著作权法》的哪一款哪一条。在这个过程中,我几乎没有闲心思去想他们是否人多势众财大气粗,以及在人多势众财大气粗里是否还隐藏着一些别的什么东西。

他们就是人多势众财大气粗又怎么样呢?再大的企业,再红火的公司,如果可以自欺欺人地一个劲地在无视法规的轨道上运行,那么这只能说明他们的管理者,思想上很昏庸,人格上很渺小,灵魂上很卑劣,而且最终有一天,他们的那个建立在无法无天基础上的"高楼大厦",会土崩瓦解。这个世界上,如此垮掉的"高楼大厦"还少吗?

很多事情,我都认为应该把它想得越简单越好。但是我的一些朋友,却爱替我把事情想得很复杂,他们举出从报纸上电视上看来的例子,以及自己耳闻目睹的事,说明没有单位的人在打官司的时候是多么吃亏,打赢的可能性是多么的小,"我在《今日说法》里看到一个农民跟村委会打官司,虽然官司打赢了,但他前前后后跑法院跑了300多趟,法院也没有给他好好执行,最后他就气得上吊自杀了。""我的一个亲戚跟一个单位打官司,眼看他就要打赢了,可是那个单位的人却通过花钱买通法官的方式,结果还是让他输了。"

他们看到的听说的那些东西，哪怕在我面前堆成一座山，也不可能压垮我打这个官司的意志！原因很简单，我不可能眼睁睁地望着别人践踏我的合法权益而视若无睹，无动于衷。

一个现代公民，他的合法权益就是他做人的最重要最核心的资本与人生立足点。一个人一旦失去了这种资本和立足点，他作为现代公民的生存条件、生存资源、生存尊严、生存乐趣，也就不复存在了。——这样的人就是活着，和死了又有多大区别？所以在我看来，如果被人侵犯合法权益是"死"，打官司也是"死"，那么我宁愿选择打官司"死"。因为这样"死"，对社会的发展更有价值些，也能让自己死得更加欣慰些。

更何况，我是相信这个社会本质上是公正的，一个国家的法律，是必须保证一个国家的建设与发展在一定的规则上进行的，一切破坏规则不守规则的人（不论他是什么人），只能得逞于一时，绝不可能没完没了地暗自笑下去！

人生必须有取舍

这个世界不能没有边

很清楚的记得,那天从市法院大楼下来,在我的眼睛从天地交合处掠过的一瞬间,我的心里禁不住一阵颤栗,一阵惊骇,脚下也因此一软。结束了跟法官的争论,虽然我仍是很有礼貌地跟他告别,脸上仍是带着很有风度的微笑,但在我的心里,那种沉沉的直往下坠的失落感,还是压抑得我明显的都感觉到我的鼻息都变得粗重了。

怎么会是这样一种结果呢?难道法律就是这样为我主持正义的?为打这个官司,法院我是来过好几趟了,但只有这一次,我从10楼上下来,在走出法院大厅站在光洁的台阶上时,那远处的天地交合处,竟然在我的视野里变得一片空茫,空茫之外是无限的虚无。

也就在那一刻,我产生了这个世界没有边了的感觉。同时也让我在那很短的时间里,产生了每往前跨一步,都会落下那种无限虚空之中的惊悸。

当我回过神来,我已骑上车子,走在回家的路上了。几乎是在我回过神的那一瞬间,我就做出了这个官司我要继续打下去的决定。有了这个决定我才觉得那无限的虚空就离我远些了——哪怕是暂时的离我远些我的心里也会安宁些，踏实些，我的脑子才不会有那种一脚踏空就会让我掉进无限虚空里、被茫茫宇宙吞没的幻觉。

这个幻觉尽管只出现了那么一会儿，也让我清醒地意识到：对于我来说，这个世界绝对不能没有边儿。那个天地交合的地方，必须有一道封闭的不可逾越的界线。有了这样一道界线，这个世界才会给我一种牢靠的坚固的安全感。

那个界线，在我的感觉里，就是这个世界的边。这个边远在天边，也近在眼前。它好像是孙悟空用金箍棒围着我划的一道圆圈，当然，这个圆圈是随我的移动而移动的，它既可以防止着别人非法入侵到圆圈里来伤害我，也可以防止着我非法跑到圆圈外面去非法地伤害他人。

我打这个官司，就是有人非法地入侵到我的圆圈里，窃走了我的受法律保护的作品，放到他们办的网站里去为他们谋利去了。我也就觉得我的这个圆圈有一种被破损的感觉。我打这个官司的目的，就是要修复我的这个圆圈。不修复，别人更是会如入无人之境，我的更多的合法利益就会被别人窃取了去。这当然会威胁着我的生存，也直接践踏着我的人格与尊严。

因为决定了我要继续起诉，我的心才很快地镇定下来。我告诉自己：我必须很正常地活着，我必须很理智地活着，我必须好好地把握自己的心态，让自己很清楚地认识到刚才出现的那种天地无边的感觉只是一种幻觉，只要我决定继续把这个官司打下去，只要我最终能把官司打赢，那个幻觉就只能是一个一闪而过的幻觉，他就不会再次出现，变成一张深不见底的大口，把我吞下去。

好在这个官司从孝感打到北京，历时将近一年，最终打赢了，这个世界在我的感觉里，又回复到从前的那种状态。如果没有打赢呢？如果没有打赢我现在的生活会是一种什么模样？对于我来说，这是个不能深想的问题——好几次试着这样往前想一想，我都是不寒而栗。

谢天谢地，谢谢所有主持正义的人，谢谢所有声援我的人，让我赢了这场官司，让我重新过上正常的生活。

保住"信念"才有一切

本人起诉某网站侵犯本人著作权的官司,一经法院开庭审理,就有好几家报纸跟踪报道,可是正在大家都在等待"胜利消息"的时候,官司却陷入了僵局。我的外甥女春华也在电话里问我:"怎么报纸上没有你打官司的消息了?是不是遇到什么问题了?"

我说是遇到问题了,被告方说我告的是他们的"公司总部",说公司总部是不能作为"被告实体"的,而法院,居然也同意了他们的这种说话,叫我重新寻找被告再起诉。"那你怎么办呢?"她问,我说我还要接着打啊,本地不好打,我就请人到北京去打啊。她立刻说:"大舅还有信念?"我说有啊。

我心里稍稍有点吃惊,她居然一下子就说到"信念"上面去了。老实说,那些天我想得最多的就是"信念"。

我也知道,这样的官司不好打。不少朋友也提醒过我,这样的官司打起来会很费劲,就是打赢了,弄不好也会亏本。因为网络侵权,法律上存在不少漏洞,特别是没有一个明确的赔偿标准。——这也是许多人明知自己被侵权了也不起诉

的原因。

但我却觉得这个官司必须打。在打的过程中我一再对办案的法官表示：作为一个写作人，我总是在文章里希望别人依法保护自己的权益，努力提高自己的生活质量，而我自己的合法权益需要依法保护了，我却不敢站出来，甚至装着不知道，这不是自欺欺人吗？我无法面对这样的事情。我甚至说：这个官司不打，我今后没法继续过一种以写作为生的生活了。

因为我的生活不能丧失信念，我不能在一种缺少了信念支撑的情境中生活。

也正是出于这种想法，官司在本地的法院很难打下去的情况下，我才决定花钱请北京的律师，到北京去继续起诉那家网站。我在邮件里跟我的朋友们说："我一边跟他们打官司，他们还一边继续转载我的作品，我不可能就这样算了。但我要改变一些想法。第一，不能指望一次就打赢；第二，不能指望这一生就一定能打赢。我只是促进这件事纳入法制轨道的一个过程中的一点点力量。因此我告诉自己：既不能太感情用事，也不能把它当作一件孤立的事情。

什么意思呢？就是要在力所能及不损害自己健康的情况下，继续把官事打下去，去推动这件事往前走。我这样做是我不能放弃正义必胜的信念，放弃了这个信念我不可能再写作了。我必须怀着这个信念来写作。

我之所以准备请人，就是想让自己保持在一种正常的写作状态。请人打官司，当然是要付钱的，但在我看来，金钱更是为保护自己的信念服务的，信念不灭，才有一切。

我也更加理解了，为什么有的人"爱"打一块钱的官司——武汉有一个人，一连打了 80 多场这样的赔本官司，前后赔进了十多万元，把他做生意赚的钱都快赔光了，但他却很快乐，觉得这样做"非常值"，说"只要官司能打赢，就说明正义终究是能战胜邪恶的，我们的国家，终究是充满希望的，而人，就是要活在这样一种希望里，活在这样一种希望里做事才顺心，赚钱更有价值。"

我也曾写文章，赞美这样的人是社会的"宝贵财富"。

我的官司最终也取得了胜利。但由于法院只判令对方按千字 30 元的标准来赔偿，那家网站总共只赔偿了我 3000 元的人民币——使我这场官司打下来，前后共损失了 1500 多元。但官司赢了，我的信念保住了，我又可以活在一种美好的心境之中了，我又可以在一种健康愉悦的心态下写作了，我的生活仍然是明媚的，前景仍然是光明的。

我哪里想当什么"英雄"

说什么也没想到,本人与某知名网站打官司,竟然引起那么多人的关注。不仅有许多媒体发表新闻、评论、采访文章,而且还有不少文朋诗友直接把我称作了"英雄"。

官司刚刚开始的时候,就有一个朋友在电子邮件里说:"你这件事的意义,关涉到普通公民的人权与尊严,非常有价值!我已经把你看成英雄了——英雄就是这样的挺身而出。你是当之无愧的英雄,虽然不会有人给你这个称谓。"官司终于打赢了,又有一个朋友说:"你的胜利令我们欢欣鼓舞,兴奋异常!这是正义与真理的胜利!打赢这场官司,充分证明你是一个有胆有识的当代英雄!"某些网站里,称我为英雄的人则更多。

其实,自始至终,我都没有把这当成一种英雄行为。怎么会呢?不就是它转载了我几十篇文章不付费,我依法向它讨取吗?法律在那里明摆着,事实在那里明摆着,我只不过是写了个诉状请法院依法审理和判决就行了。这有什么大不了的?

所以当有人提议我请个律师的时候,我就笑着说:这样简单的案子,我自己跑两趟就行了。"如果真的像你说的那样简单,那为什么别人不来打这样的官司呢?人家网站侵犯的又不是你一个人的著作权。"有人这样对我说。

还有人说:"人家那么大一个网站,可以说人家要钱有钱,要人有人,要关系也肯定有关系,你单枪匹马赤手空拳一个人,怎么会是人家的对手呢?"还有人说:"既然著作权在那里明摆着,人家就敢侵你的权,那就说明人家并不把法律放在眼里,人家并不怕你打官司!想想看,既然如此,你跟人家打官司岂不是睁着眼睛拿鸡蛋往石头上碰?"

我不知道其他的被侵权者,是否都被这些问题吓住了。但是既然有那么多的人称我为英雄,就说明人家认为我是没有被这些问题吓住的。我也真的是没有被吓住。在本地打的不顺利,我就掏出几千块钱出来请北京的律师替我在北京打。反正,在历时8个月的过程中,所有遇到的困难都我战胜了,克服了。

在这个过程中我也伤感过彷徨过恼怒过悲壮过。好在我最终坚持下来了,也最终让对方不得不同意在他们的网站上公开向我赔礼致歉,并向我赔偿经济损失。同时在网上删除侵权的网页。或许,就因为这,我就可以被许多的人称为英雄?

如果仅仅因为这,那我是感到非常悲哀的。一个普通公民本来应该很轻松很顺畅地就能享受到的合法权益,它却要靠一种"英雄行为"去争取——我讨回的那点经济损失,也仅仅成了对这种"英雄行为"的回报。在这样一种背景下,人们把我当英雄看,是我被高看了呢?还是我们国家依法办事特别是依法保护著作权的大环境被低看了?那么我们国家的这种大环境到底是被低看了呢?还是它本身就处在一个不那么高的阶段?

反正我认为仅仅因为打了这么一个官司，我就被许多的人视为英雄，是一件很不正常的事情——真是让人透过这件事看到了很多很多的不正常！包括被侵权者的不正常。本来是可以依法争取的合法权益，为什么都不去依法争取呢？难道真的是"清高"到对自己的合法权益可以视若无睹的地步？难道真的认识不到在合法权益这个问题上别人侵犯你一分钱与侵犯你一万元是同一性质的问题、都是不拿你的合法存在和人格尊严当回事？难道真的是在指望别人当英雄、等到英雄把道路开辟清楚了自己就可以坐享其成？或者是等到国家进步了一切问题就可以迎刃而解了？——但国家不是由全体公民组成的、国家的进步难道不是依靠全体公民对自己的合法权益一点点的去依法争取促使来的？

我自己，一点也没因为自己做了这么一件事，就把自己当英雄看。我只是做了一个普通公民应该做的事。虽然花了不少精力，也付出了一千多元直接的经济损失，同时也受了不少气，但这都是我稍稍硬一硬肩膀、咬一咬牙，就可以承担和承受。我这一生，从来就不曾想过要当什么英雄。当英雄是要付出格外的甚至是巨大的牺牲的，这对任何一个追求生活的快乐、生命的幸福的公民都是不公正的。我只希望我们的国家健康、正常，不需要公民当什么英雄就能享受到他应该享受到的合法权益。

真的，在一个国家里，当一个普通公民就可以轻轻松松地得到自己应该得到的合法权益，就可以轻轻松松地享受到不受侵犯的公正和快乐，这样的普通公民才真正是高贵而伟大的啊！因为他肯定是生活在一个视普通公民为高贵和伟大的国度里。

必须找回的快乐

很多人提起打官司就摇头,有的还做出苦不堪言的样子,但我打官司却打出了一种很快乐的感受。打官司前不少人都说你要请客啊,你不请客人家是不会受理的啊。还有人说你要找人啊,你不找人人家是不会给你好好办的啊。但我一没请客二没找人人家就给我受理了,就按照法律的程序很认真地给我办。

这事让我一想起来心里就愉悦,就乐。是感受到了法律面前人人平等的愉悦,是享受到了堂堂正正办事也能办成事的快乐。

我的这个官司在旁人眼里并不大——"标的"只有几千块钱。但它在我看来却很大。因为在跟被告交涉的过程中,他们明明侵犯了我的合法权益却还要强词夺理,最后干脆不理我了。

这种居高临下的蔑视和渺视,像在大冬天里用一盆又一盆的带着冰渣子的水直往我身上泼,往我心上泼。对于一个将自己的任何一个合法权益都看得比金子还要宝贵的人来说,这种事怎么会让我牙齿打落了往肚子里吞?在实在没有

办法的时候，拿起法律的武器强迫将对方到法庭上跟自己平等说话，就是最好的办法了。

走向法庭，往往是重新走向自尊，是让受到伤害的心灵得到"修复"，是让僵死、失去的笑容重新复活重新回到脸上来。一个现代人在合法权益受到严重侵害之后如果没有这样一个过程，他如果还想活得跟原来一样心情明媚精神焕发，在我看来那简直是不可想象的。很多年前，我听说美国人特别喜欢打官司，还有点想不通，现在我想通了——那至少是重新建立自信重新拥有快乐心境的需要。

同时我也明白了，对于许许多多的人来说，法庭其实也是一个"过滤器"，它可以把某些人强加给你的耻辱与自卑过滤掉。

现代人的快乐，不仅需要法律提供保障，不仅不能与法律相冲突，而且在许多情况下也需要借助法律来"修复"来"激活"。有的人之所以活着活着就活得心灰意冷蔫头耷脑毫无快乐可言了，往往就是因为有人侵犯了他的合法权益而他最终选择了隐忍、选择了弃权，选择了一种让自己活在被别人蔑视藐视的阴影里，活在一种被别人践踏合法后留下的精神创伤和内心悲哀里。这样活着哪里还会有快乐可言？怎么可能不活得越来越委琐越来越窝囊？

所以面对那些合法权益遭到侵害的人，我最想说的话就是：勇敢地拿起法律的武器来，到法庭上去讨回你的尊严，找回你的快乐！

困难，当然有，但只要你肯坚持，你的骨头足够硬，那些困难，都是可以一一克服的。

记得那天，我们一家三口，在网上找出新浪网的道歉声明时，那种开心的笑啊，乐呀，欢呼啊，好像真的要把房顶给掀翻一样。我一定要让他们道歉。他们的法务工作人员，最后把起草好的道歉声明传我修改，说只要我认可了，就行。声音听起来是那么的谦恭，软和。

人生必须有取舍

给无视我合法存在的人补课

把我的几十篇文章,从其他报刊上转到他们的网站上赚钱——还在我的许多文章中间套广告,当我好不容易找到他们的联系方式,跟其交涉的时候,他们的一个法务部的女士却跟我说:"对不起,我们不直接跟作者交涉。"这不是太不拿我这个普通公民当回事了吗?

我说怎么能这样对待作者呢?她说他们与有关媒体签订了协议。我说你们之间签订协议,怎么又把我的合法权益撇在一边?她只好说她去问问有关领导后再给我打电话。我左等右等,就是不来电话。这就是没有礼貌、言而无信的表现嘛。我只好主动给她打电话,她居然说把这事给忘了,说等找到我寄去的有关资料后再去问。从此再不露面理我。

都什么时代了?还能如此无视公民的合法存在?还能用这种态度跟受到侵权的公民打交道?在那么大的公司那么重要的岗位上供职的人,肯定是大学毕业出来的吧?——那么过去都是受的一种什么教育?难道就是这样一种居高临下的法制素养?都说法律面前,是最讲平等的啊!怎么就不能跟我这个创造了精神、文化财富的公民讲讲平等呢?这样的人,是不是应该重新回回"炉"补补课呢？

好，既然遇到了我，就让我来给这样一个单位这样一些人来给补补课吧。补法律面前人人平等的课，也补如何礼貌地跟人打交道的课。那么怎么补呢？想来想去，还是觉得法庭上才是可以平等说话的地方。很多时候，法庭既是审理案件给人判罪的地方，更是给人上课补课让人受教育的地方。连许多曾经趾高气扬不可一世的高官，也是在法庭上受到教育之后，才面对着普通的公民低下了他们那种狂妄无知的头颅。

于是一纸诉状递到法院，对那家网站提起了诉讼。没想到，法院规定对方递交答辩状的时间过去很久了，对方居然没有丝毫的动静。难道通过邮局发去的法律文书对方没收到？法院查的结果，是对方签收了。是嫌我们这个中等城市的法院小了吗？竟然连法院也不理睬？法院还是按时开庭了。一开庭好几家媒体就进行了报道。那位女士这才出现了，不过她却是给法院发来一个传真，说我告的是他们总司的部门，而总部是"虚拟"的，不能作为被告实体。让人费解的是，法院的人居然也同意了他们的说法。

看来这打官司还是一件挺复杂的事呢，想给无视我的合法存在的人补补课，也并不那么容易。但我从来都是一个绝不轻言放弃的人，一件事，只要我认准了值得去做，我就会克服重重困难全力以赴做到底。于是我主动在当地的法院把诉撤了，然后花钱找北京的律师全权代表我接着打，而且是到北京去打！我就不信践踏法律的人，能一个劲地逍遥法外！我就不信我给他们补课的想法，会落空！

律师到底是内行，他让我尽快到公证处去，为自己被侵

权的作品做网上作品保全公证,以防对方删掉他们侵权的证据。律师还到工商部门,对那家网站的域名的注册单位进行调查。律师说:"我注意到了,他们还在继续侵你的权!这样的官司,是应该打!"可是到了法庭开庭的时候,对方又一次故伎重演,说他们仍然不是真正的被告。但是这一次,北京的法官却认定了他们就是被告。

那家网站法务部的女士,主动给我打电话来了,口气软软地说:"我们和解了啊。"然后问那3000元怎么寄给我。我说:"还有一件事也得说一说。"她忙问:"还有什么事?你说。"我说你们的网站最近又转载了我3篇作品,这个是不是也应该付酬?她忙说:"应该应该,请你把那3篇作品的有关资料寄给我,我会尽快与有关部门协商解决。"呵,她再不说他们是与某些媒体签订了什么协议的了,更不说他们是不与具体的作者交涉的了。

这就对了嘛,对人就是要在法理的范围内说话嘛,就是要采取尊重对方的合法权益和人格尊严的态度说话嘛。

总起来说,我这次给他们"补课"是成功的,既维护了我的合法权益,也让他们终于改变了对我这个普通公民的态度。

必须享受到"法理"上的尊重

某地说唱团在报上发了一个征集曲艺作品的启事，一年之后，他们在报上公布了评选结果。500余篇作品，只有16件作品入榜。我的小品《豹子读报》是其中之一。我和其他作者被邀请到该说唱团"参加活动"。上午报到，下午开会时，该团的一位负责人在讲话时说："我们是不会亏待大家的，如果作品今后由我们演出了，我们是会将稿费寄给作者的。"正是这番话，让大家心生疑窦。

按照活动表，晚上是看他们团的演出，次日上午由两个专家讲课，午餐后即散会。第二天早上，一个作者在宾馆大厅里跟我说："我们昨天晚上研究了征文启事，上面第四条说凡是被录用的作品发给2000至10000元的奖金，我们的作品，已经可以被视作被他们录用了，我们这次来，他们就应该发奖金的，但看来这次是没有希望的了。"

其他的作者也纷纷说："他们的第5条说被录用和演出的作品需要签协议，这不影响第4条的意思，被录用是被录用，被演出是被演出，他们这样说，也说明他们是把这两个意思分开的。""如果是想跟我们玩文字游戏，那是玩不过去

的。"都说需要跟他们交涉,并且都希望我去交涉,说只要我一说,他们立刻就声援。我说可以。这样的事,我不怕出头。

约九点的时候,大家都到了会议室,这时我见一直主持着这次活动的一位负责人在场,我就站起来跟他说:"我有一件事比较糊涂,我想请你解释一下,我的理解是,我们这次的16件作品,都是被录用的作品,都是应该得到奖励的,而不是演出后才得到奖励。"

他说:"按照我们的意思,被录用是指被演出。"这时一位来自武汉某大学的作者说:"如果是这样,那征文启事上的第5条就没有必要将录用与演出分开写了。"这时另一位作者将报纸上的征文启事掏出来向我示意。我接过来递给那个负责人。

没想到他看过之后居然轻飘飘地说:"这个启事是个外行人起草的。"也就是说,他是认可了我对启事的理解的,但他却没认识到在报刊上刊登的启事是应该承担法律责任的——他如果认识到了,他就应该慎重对待,就应该向我首先表示歉意,然后再向上汇报,作出能够让人满意的答复,而他却根本没有表示出这种诚意与善意。

见他随便一句话,就把责任推给了征文启事的起草人,我立刻面对会场说:"这位负责人说启事是外行人起草的,但我投寄作品时,是不会认为他们的启事是外行人起草的,我现在也不这样认为,但考虑到这两天说唱团对我的热情接待,我对此事可以不作追究,但我要在此声明:我撤回我的应征作品,并立刻退出此项活动。"他说:"可以。"我转身就走了。

不按法理办事,就不值得信赖,那里面就是有什么好处,我也不能用放弃自己应该在法理上享受上的尊严去争取。

回来后我给那位同意我退出的负责人写了一封信,我说:"这次参加贵团活动,颇让人失望。但考虑到贵团是首次办这种缺乏经验的事,有些因素难免考虑不周,我也可以谅解。但既然是人与人打交道,就得平等待人,从法理的角度尊重人。希望贵团首先从这个意义上吸取教训。"我既是要他们从"法理"上吸取教训,更是要他们认识到,我是一个能够从法理上自我尊重的人,我的佛袖而去,最大的价值,就是希望他们学会从法理上去尊重人。

经过大家争取,他们后来还是给每个入选作者发了一千元的费用——包括我在内。

高贵，只与法律有关

我的一位年轻的文友，由于酷爱写作，读大学期间就发表了十多篇诗文。大学毕业后，他到某省会城市，找到一个在一家杂志社当编辑的工作。"虽然亲戚们问起来，都嫌我的工资不高，说还不如一些出苦力的打工者收入多，但我却不这样看，我虽然也是个看重平等的人，但在我的潜意识里，人们干的工作还是会有高低贵贱之分的——我觉得我干的工作，赚钱不多，但却很高贵。"他曾经这样跟我说。

只是最近，他却从那家杂志社辞职了，说："没想到，我做的其实是非常低贱的事！"

原来，他供职的那家杂志，是一家到处扒稿的所谓文摘杂志。这个杂志是一个发了财的老板，通过买别的刊物的刊号办起来的。"老板要求对作者们的稿费，能拖就拖，能赖就赖，还叫我们用一些表面上说得过去的理由，将作者拖得有苦难言，没有脾气，只好自动放弃。只有那些敢于打官司的作者，老板才会用一点可怜的稿费打发他们。"

"还真有这样的事！"我气愤地直摇头。

他接着说："说老实话，每次接到作者打来的讨稿费的电话，我都感到脸红。开始我还想，管他的，做这种事的是老板，而不是我。但有一次，一位作者拿出一条又一条的有关《著作权法》的条文，把我的那些搪塞人的理由一条条驳倒，驳到最后，他发出一连串的追问，并且给予我们杂志以义正辞严的谴责。我只能是一个劲地向他道歉。我发现，在法律面前，我不仅是那么经不起驳，而且内心的感受竟是那么渺小和卑贱！当时我有一个感觉，在这位作者面前，在这位作者亮出的法律条文面前，我的表情一定是非常丑陋的，我的举止一定是非常狼狈的。"

他跟我这样说的时候，头也是一直往下低。但我却觉得，他是一个非常可爱的人，也是一个非常可敬的人。我说："你能有这种意识，这种觉醒，就说明你的内心是非常高贵的，你在做人上人，比很多人都高贵。"

他笑一笑说："现在，我对高贵可是有了新的认识。我认为高贵是和法律联系在一起的，离开了法律谈高贵，没有意义。一个人，只要是做了有违法律条文的事——或者是帮助别人干了这样的事，他从干的一开始，就是在自取其辱，就是在走向下贱。他那样干，终有一天，会有人通过各种方式来揭穿他的所谓的高贵的身份、高贵的地位、高贵的画皮。一旦被揭穿，他们还有什么高贵可言？其实，在没被人揭穿之前，这些人也只是假高贵。所以现在很多貌似高贵的人，我都是瞧不起他们的。"

按他的意思，是守法者就高贵，违法者就卑贱——而不论他干着什么工作，身居何种职位，拥有多少存款。仔细一想，我觉得他的这种想法，不仅非常有道理，而且非常有价值。

是呀，高贵，只有建立在守法基础上的高贵，才是最能

让人问心无愧的,才是最经得起时间检验的,才是最不怕被人揭穿被人批驳的,才是最不会东窗事发臭名远扬的。

一个人一旦具备了这样的高贵意识,他自然会逼着自己学真本事,走正路,他自然会努力提高自己的综合素质,向着一个光明美好的方向顽强奋斗。这样的人,你还愁他过不上受人尊重的生活吗?你还愁他不会拥有一个前程似锦的未来吗?

我不会后悔活得太认真

因为跟一个网站打过一场官司，这些年来，很有一些被网站侵犯了著作权的人，向我了解打官司的情况，说"太气人了，太不把我们这些作者当回事了，我们必须拿起法律的武器保卫自己的权利与尊严"，但每一个都是不了了之。问他们结果如何，几乎都说：唉，打官司，真是一件耗时费力的事情啊。

是的，打官司真的是耗时又费力。这个我亲身体验过。但我觉得最可怕的不是耗时费力，而是法律条文明明摆在那里，但却有那么多的邪恶力量，试图让它变成一纸空文。而且许多时候，你如果没有一种宁死不屈破釜沉舟的狠劲，它就真的是一纸空文！

那次打官司，打着打着，竟然发现一向被我视为神圣的法律，当你是如此迫切地需要它站出来保护你的时候，出现在眼前的，却是某些人狡诈的狰笑！那种仿佛被人推入万丈深渊中的无助感，一时间让我觉得整个宇宙都不值得信赖了！

好在我是个认真的人。我把官司最终打赢了。如果最终

没有打赢呢？如果我半途而废了呢？那恐怕我的精神会从此崩溃，结局将会十分悲惨。

我懂得了为什么那么多的人要自杀，会疯掉。

我这才知道了，一个人如果活得太认真，是一件非常危险的事。

认真，就会硬着头皮一直往前走——如果走不上命运的坦途，就会走上人生的悬崖！

我这才知道，为什么那么多的人活得不认真。

不认真，你还能稀里糊涂地活着，还能貌似体面地做人，还能享受到许许多多俗世的快乐与幸福。而一旦认真，就有可能鸡蛋碰石头，绝不转弯，绝不回避，直直地让自己这个鸡蛋去碰石头，让自己彻底完蛋，提前完蛋！

我觉得彻底完蛋，也比身上带着毒箭活着好。明明有人侵犯了自己的合法权利——往自己身上射了一支毒箭，自己却装着不知道，还装模作样地带箭活着，那只会纵容那些往别人身上射箭的人，只会让往别人身上射箭的人越来越多。

在我的视野里，很多人都是带箭活着的。不论这些人活得多么富贵与风光，我都不会羡慕他们。但我能理解他们。他们是受害者。他们的不认真，是被迫的。

我真正蔑视和仇视的，是那些往别人身上射箭的人。那恰好都是一些占据着社会高位的人，是一些特别会利用邪恶的力量发家致富的人！

现在，我仍然活得很认真。很认真地活在一种清贫里。活在稿费越来越难赚的清贫里。当然，心里仍然怀着明灿灿的理想。是那种一定要走上命运之坦途的理想。

什么时候能走上命运的坦途呢？或者说什么时候能走上

人生的悬崖呢？我并不惧怕悬崖。也许有一天，出现在我面前的真的是悬崖，真的需要纵身一跳，我也不会后悔。到时候我相信我的脸上，还会带着欣慰的微笑。

　　欣慰什么呢？欣慰这一生，我活出了一个真我。欣慰我的生命，我的灵魂，在这个世界上的存在，都是真实的。特别重要的是，我的身上没有毒箭——我把别人射在我身上的毒箭给拔掉了，我维护住了我在法理上的人格与尊严！

第四辑

好好做人,永往无前

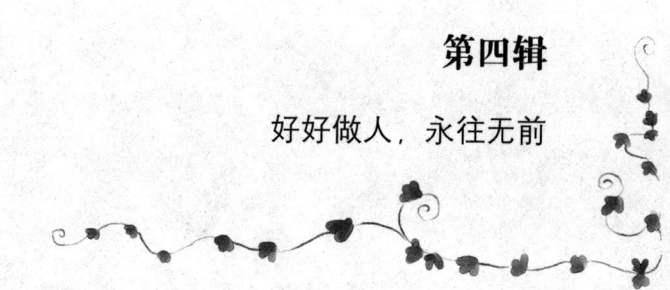

学会做个有趣的人

早先买菜的时候,我是不还价的。看中的菜,别人说是什么价,我掏钱就买,没一句多余的话。那时候,我认为讨价还价太"低俗","太小家子气"。男人嘛,就得有点男人的身价派头——仿佛男人还价,就还掉了男人的身价似的。

我也就想,那些卖菜的,一定是很"欣赏"我的吧?我就常回过头去,用眼睛的余光去瞟他们,看他们是不是在"欣赏"我,是不是觉得我这个人挺豪爽的。结果呢,人家却是那样无动于衷,且"麻木不仁"。嗯,这是怎么回事呢?

有一次买菜的时候,我就跟卖菜的婆婆聊起来,我说你们卖菜的,是不是特别喜欢那些不还价的人呢?没想到她竟然说:"唉,那些有钱人,钱倒是有,可就是没趣。"咦,这个回答倒是出我意料呢。我便又问:怎么没趣呢?你喊个什么价,人家就出个什么价,这不是能让你们多赚钱吗?可她却说:"可我们出来卖菜,如果尽跟木头桩子打交道,那就是多赚几个钱,也会让人闷得直犯困的呀。"

也就是说,人家宁愿少赚几个钱,也不愿尽跟"木头桩子"打交道。

　　这以后我就注意观察，我也就发现那些卖菜的跟买菜的，在讨价还价间说得不知道多么热闹，表情不知多么生动，结果讨了半天价他们反而还变客气了，一个说："你好走啊。"一个说："下次再来呀。"那种与人交往带来的乐趣在双方的脸上都要停留好半天。

　　我就笑自己了：陈大超啊陈大超，你对讨价还价一点都不懂啊，不懂还要装懂，还要在那里自作聪明自作大气呀！

　　这以后我就开始讨价还价了。我想做人要有特色，讨价还价也要有特色。那么我的特色是什么呢？我的特色是不在菜上面做文章（不挑剔人家的菜这不好那不好），而是在"人"上面做文章（利用人的心理特点和人的社会处境来说话）。

　　譬如见卖菜的也是个大男人，他喊一斤菜一元，我就还他一斤八角。他说你看我这菜多好，我说的菜肯定好，可我这个人不好。他就一愣，说你这个人怎么不好？我说我这个人别的都好，就只一点不好——怕老婆，老婆定的价，我一点也不敢违抗她。十有八九，我这一说，那卖菜的男人就笑了，就说哎呀，现在的女人就是狠啊，你一点不顺从她她就跟你下不了地啊——我们也就顺着这个话题聊起来了，自然，十有八九，我的还价也成功了，而且走的时候，还有点惺惺相惜难分难舍的味道。

　　如果是个女人呢，如果她年纪大，我就会说婆婆，你的菜好菜坏，我是一点也看不出来呢，你不知道，我可是个傻瓜呢——你可要像善待傻瓜一样来善待我呀。她就会一愣，抬起头来很仔细地拿眼打量我，然后就一笑，说你这么体面的一个人，不是个老板也是个当官的，怎么会是个傻瓜呢。我就说婆婆呀这你就错了，现在社会上的"体面者"还少嘛？

就是老板和当官的,还不是有人傻得为了多贪几个钱,就行贿受贿,弄得自己坐牢杀头的呀。这一说她就要点头了,就要说是的说的,如今的人看起来不知道多精明,可一做起事来就糊涂了——我们自然也就说得很投合。如果她是个年轻的女人,我也有话说,也能说得她觉得我这个人挺有趣。

人生的质量,不仅要以挣来多少钱为标准,而且也要以挣来多少乐趣为标准。人得到的乐趣越多,人生的质量也就越高。人活着的乐趣,有相当一部分要从人际交往中去寻求。

买卖双方,讨价还价,也是一种不可忽视的人际交流,这里面也有许多的人生乐趣值得我们去发掘去创造。那么我们也就可以说,一个有趣的人,他是能为这个社会做出更大的也是更有价值的贡献的。

人生必须有取舍

善待"讽刺"自己的人

那天下午,接到一个电话,声音听来很熟,也很亲切,但一时却想不起他到底是谁,好在脑子稍稍一转就想起来了。"你这是陈大超家吗?""是呀。""你就是陈大超吗?""是呀。""那你说我是谁?""你是万建平嘛。"我脱口说道。"哦,你还记得我呀。""怎么不记得,这些年我一直在想念你呢。""那怎么你这些年回来,我没见着你的人影呢。""我到你那里去过了,说你搬家了,我问了几个人,都说不知你搬到哪里去了——你怎么不到我这里来玩呢?""我敢到你这里来玩嘛?你都成大名人了,你那里都是高朋满座,我到你那里连句嘴都插不上,再说你一会去讲学,一会去参加个什么会,我怎么知道你什么时候在家呀。"

呵,这不是在讽刺我吗?

我仍是笑着说:"好啊,我没有到你那里去,是因为不知你搬到什么地方去了,而你不到我这里来,不仅没有理由,而且还编出这么一番话来挖苦讽刺我啊,我们这么好的感情,这么长时间没联系了,你不说些亲热的话,还拿这些话来刺我啊,不过,看在我们老感情的份上,我是不会跟你计较的。"

说得他哈哈大笑起来。说到最后,他就说:"看你还没有变啊。"我故意说:"怎么没变?我可是变得老多了。""不会的,你不会变老的,你只会越变越有学者风度,越变越有气质的。""好啊,你又在讽刺我啊。""不不不,这回我说的是真话,你们搞写作的,肯定是会越写越有文人风度的。"接下来就说"好,什么时候我到你这里来玩。"我也问他搬到什么地方去了,具体怎么找,说下次回去,一定去找他玩。万建平是我读高中时的同班同学,我们的感情一直很不错。高中毕业后,我们还通了不少信——他说他一直把我的信很好地保存着,离开安陆后,我每年回去,都会去找他聊聊天,上次回去,我也真的是打听过他到底搬到哪里去了。对于他在电话中的讽刺,我一点也不介意。我知道那其实是一种试探。是试探我的真情变没变,真诚丢没丢,做人是不是做糊涂了。

　　同学之间,同事之间,包括亲朋之间,如果某人在某一方面取得点什么成绩了,有了点什么名气了,那么其他人再与之打交道的时候,往往免不了要说些讽刺的话。有些讽刺的话还说得还挺难听,或者是说的时候脸色做得还很难看。对此,我的体会是你千万别把它当真。你一当真,就会做出过激的反应,说出一些不该说的话来,做出一些不该做出的表情来,给本来很亲密很友好的关系投下不应有的阴影,造成不应有的伤害。

　　如果能够将别人的讽刺,仅仅只当作一种试探,那就知道该如何应对了。本来嘛,人与人之间的关系,总是处在一种动态的变化之中的,总是会因为某人的声望变了地位变了而打破旧的平衡建立新的平衡。

在这个过程中，过去的老同学老同事老朋友，用讽刺的方式来试探某一个暂时有了某种成绩和声望的人，那是完全可以理解和接受的。一个人只有经过这种讽刺的考验，他才能超越这个世界上很多很世俗的东西，永远拥有那种最纯洁最真挚最宝贵的人间真情！

那些曾经被我看轻的赞美

那天吃饭时,女儿见不远处有一只蟑螂探头探脑,立刻边把身子往后缩边指着蟑螂说:"你看,你看。"我立刻跳过去,以灵活迅速的动作,一脚把蟑螂踩死了。女儿立刻笑着冲我伸出大拇指说:"爸爸好强啊!"

都读高三的孩子了,竟然如此害怕一只蟑螂,这并不让我吃惊——女儿从小就特别害怕老鼠、蟑螂之类的"玩艺儿",但她对我的这个赞美,却让我吃惊不小。

要知道,从小到大,这还是她第一次伸出大拇指来赞美我呢。

只是,她的这个赞美,离我心中真正想要的,相差得实在是太远。我真正想要的赞美是什么呢?是她说我的文章写得好。问题是,她从小到大,读过我那么多文章,却一次也没说过:"爸爸的文章真好啊!"

我这个以写作为生的人,心底里最渴望的赞美,就是别人说我的文章好。

让我奇怪的是,我在生活中"享受"到的赞美,往往都与我的文章无关。

当我爬上爬下地把灯泡安好、偶尔炒的几个菜还挺合口

味,妻子赞美我的是"做事还像个样"。

当我一次一次把楼梯打扫得干干净净,对门的老人赞美我的是"发现你这个人特别讲卫生,讲公德"。

当我出入这个院子大门口,总是按照那个"出入请下车"的要求下车,门卫背后赞美我的是"这个人修养很不错"。

当我原来上班时总是笑着与那个专门送开水、分发报刊的勤杂工打招呼,那个勤杂工赞美我的是"不像别人那样长着一双势利眼"……

老实说,对于上述的那些赞美,我先前都是不看重的。

我认为他们赞美的,都不是我身上最有价值的东西,更不是可以让我"功成名就"的东西。

当我仔细品味了女儿的这个赞美,我发现,在这个世界上,一个人要赞美另一个人,往往首先是从他自己所处的位置出发,是从他自己的内心感受出发。你做的事,如果离别人所处的地位太远,也就与别人的内心感受无关,哪怕你自己认为那件事很了不起,很值得你自鸣得意,别人也会漠然置之。

现在,我倒是很庆幸我得到过的那些曾经不为我看重的赞美了。那些赞美说明:我并不是一个除了写文章别的什么事也不会干的书呆子,也不是一个能够写点文章就自以为是自我膨胀的家伙。一个人像这样活着,不是很好吗?这样的人生,不是很丰富很踏实吗?而且,谁又能说那些人的赞美与我的文章没有关系呢?

正因为我是这么一个人,我才总有那么多的文章可写呀。

意识到这一点,我更加明白今后的我,该怎么做人和为人了。

不能老是和原来一个样

"最近怎么样?"常常有朋友在路上、在信中、在电话里这样问我。我也这样问朋友。好像是很随意地问一问,但这样听多了、问多了,我就对这句话产生了疑问——怎么都是这么个问法呢?难道大家都"随意"到一块儿去了?

是呀,既然是朋友,"过去怎么样",人家都是知道的。或许正因为人家知道了你"过去怎么样",人家才要对你的"最近怎么样"感兴趣吧。就像一个人看一部电视连续剧,他既然把前面的许多集都看进去了,那他对后面的故事发展,也就不能不关注。

其实呢,人与人之间既然成了朋友,有了彼此间的了解,彼此间的欣赏,彼此间的情感投入,那么他们彼此间也就成了相互欣赏、相互评说、相互提供快乐与启示的"电视连续剧"。很自然,这就有了彼此间的一而再再而三的"最近怎么样?"。

就像有些电视连续剧,开始很精彩,后面却越来越没看头,渐渐地失去了观众一样,许多人也是这样渐渐失去自己曾经很要好的朋友。"最近怎么?""老样子。"有一段日子

我总是这样回答朋友们。结果，这样回答得多了，朋友们的信件和电话也就日见稀疏。

我也就意识到，人与人之间，并不是一旦成了朋友，就可以"相看两不厌"的，更不可能无条件地彼此欣赏和关照的。事实上也正是如此，哪个朋友活得精彩——他的人生能不断走向新的挑战，闪出新的亮点，出现新的悬念，闯出新的路子，其他人也就自然而然地喜欢打开他的"频道"，去欣赏他、关注他、借鉴他，去向他表示敬意、爱意和善意。反之呢，时间长了人们连问你一句"最近怎么样"的兴趣都没有了。

所以一个人活着，经常有人问你"最近怎么样"，那绝对是一件好事情——说明你仍然活在人们的期待、关注之中，朋友们仍然相信你能为大家、为这个世界做出顽强的努力，进行不懈地追求，献出精彩的"节目"。面对这种期待和关注，你真的能一次又一次地用"老样子""和原来一样"来回答吗？

老是这样回答又意味着什么呢？是不是意味着自己安于现状了？不思进取了？思想贫乏了？创造力枯竭了？理想死亡了？——事实上，不少人正是在这种回答声中使人生的光芒一天天暗淡了，逐渐地从人们的视野中消失掉了。

这样一想，就促使我要再一次审视自己、设计自己、创造自己。

岂能自己漠视自己

我订的一份报纸，有一个深受读者喜爱的版面突然消失了，而且报纸上没用任何说明。我想怎么能这样呢？这不是对我们订户的公然漠视是什么？于是我便从网上去信提意见。

我在信中说："原来贵报多次进行读者调查，读者们都说这个版是贵报的一个品牌性版面，是贵报提倡高品位办报的'标志性建筑'之一，因为在它上面，常常有思想的光芒放射出来，常常能听到可贵的真话。但它突然就这么消失了，没有任何解释，似乎也没有任何道理。贵报口口声声说是尊重读者的，但这么重要的一个版面的消失，却根本不跟读者打个招呼，这让我这个老订户感到非常难受！——能不能对此作出一个令人信服的解释呢？"

与几位朋友谈及此事，他们说"要是他们根本就不理睬你，你又该怎么办呢？"我想了想说："那我就每个星期发一封电子邮件去追问。"我说他们可以漠视我，我自己可不能漠视我自己。我知道我很普通，但我更知道，任何人漠视"普通"都不是"普通"的错，而是他们自己糊涂。

好在该报的一位编辑第二天就回信了。他在信中说："三个星期前，那个言论版因故被停版'整顿'。至此，这个版可能以其在当下、在本地必然的结局完成了使命，它的消失甚至无法公开告示。而早在筹划中的时评版还不知有无推出的时机。感谢你曾给这个版添色。相信言路广开是趋势，希望能在外地媒体上看到你的文章。祝你在思考中快乐！"

还好，我没有被漠视。他们总算给了我一个交待。

韩日世界杯期间，我写了一组总题为《世界杯给我们上课》的文章，从网上投给南方一家杂志，编辑很快就从网上回信说："来稿下期采用，请勿他投。"可是过了二十多天，编辑又来信说因为"稿挤"，我的稿子不用了，但却说他们会因此付给我一定的"误稿费"。他们也知道，这类时效性强的稿子一旦被耽搁了，再要发表就会变得非常困难。

几个月过去了，误稿费却毫无踪影。

与文友们说及此事，不少人都说"该有多少作者连文章发表了收不到稿费，都只能自认倒霉呢"。但我却不想自认倒霉。我想我若是个全国知名作家，或者是他们主管部门的某个领导，他们还会这样漫待我漠视我吗？

为了提醒他们不能漠视我的存在，我便从网上发去一封电子邮件，说"每遇到一家不讲信誉的媒体我都会深感痛苦一次，为了不让我再次产生'我又遇到了一家不讲信誉的媒体'的痛苦，我希望你们只给我寄一元钱的误稿费就可以了"。

好在他们第二天就回信了，说他们确实把我的误稿费给漏发了，说"当尽快寄出"。两个星期后，我也真的收到了他们寄来的 150 元误稿费。

自己的权益,总是要靠自己去争取去维护。争取维护自己的权益从什么地方做起?我以为应该从不漠视自己的存在做起。只要你自己不漠视自己,别人最终会正视你的存在,尊重你应该享有的权益。要知道,许许多多人的权益的丧失,正是从他们对自己的漠视开始的。

尊重容易被忽视的人

"唉,我往那个学校里送了两三年水了,可真正把我当人看的,却是一个老外,是一个外国洋妞。"一个进城来打工的农村老汉这样感叹。

这个身体看起来很棒实的老汉,每天的任务是把一桶桶的纯净水扛到各办公室,把被喝空的空桶换下来,把装了新鲜纯净水的满桶安到饮水机上。他就这样在各个办公室进进出出了两三年,别人忙别人的,他忙他的,既没有人对他笑一笑,更没有人让他坐一坐。

他觉得这很正常,别人也觉得这没有什么不正常。

直到有一次,这个学校请来一位教外语的洋妞,那个洋妞只要见了他扛着水桶进了教务室,就会笑盈盈地迎上去,去帮一把他,并用一次性纸杯接杯水端到他面前,用一口洋腔洋调的中国话说:"您辛苦了。""请喝杯水,休息一会吧。"只要她在那个办公室,每次都是如此。

老汉就被深深感动了,就一再感慨地说:"没想到这么大个单位,能正眼看我一眼的,能望着我笑一笑的,能倒杯水给我喝的，竟然是外国来的一位姑娘。""我送水又不只送她一个人喝，但就只她一个人，能够这样尊敬我。"

跟我讲这个故事的朋友则说："这是他在这个城市里受到的最高的礼遇。"

其实，这样的礼遇也有人从我这里得到过。不论走到哪里，每到过年的时候，我都会特意在楼下等候送报送信的邮递员，向他问一声新年好，往他手里塞一把糖果，或者是送一个甜美的水果。

我结婚的时候，也是特意在楼下等到邮递员来，送了一包喜糖给他的。他当时非常感动，说："干我们这一行，往往是出了差错才有人想起你，不出差错，人家反而把你忘了。"

人与人之间，怎么能只是扯皮，而不懂得彼此关怀与肯定？

有一天，我听说给我们这条线路送报的邮递员出了车祸，我就赶忙打听他住什么医院，医院打听到了，说他已经出了院，回家静养去了。我又一再打听他住在什么地方，然后买了几十块钱的东西，特意到他家里去看望他。

当然，我都是找的邮局的人打听。邮局的人听说我去看一个普通的邮递员，非常感动，专门派车送我到那个邮递员家里去。

小伙子被撞成了腰椎压缩性骨折。他说躺一段时间还是"可以去送报纸的"，说责任完全在开车的一方，因为"他拐弯时没打转向灯"。说他完全没想到会有用户来看望他，因为"正是我们每天都给那么多人提供服务，所以大家的眼里，

既可以有我这么个人，也可以没我这个人。"

说到这里，他的眼里悄然闪过一丝伤感。

他的这句话让我更加坚信我的做法是对的。在这一点上，我并没"输"给那位可敬的洋妞，但那位洋妞的故事，仍然在我的心里激起了久久难以平静的波澜。

我的意见很重要

曾经有个广告，是宣传一种饮料的，电视画面上的两个女子，手里拿着这种饮料说真好喝。这时候就有一个男子走过来，说"我也喜欢喝"，接着就从女子的手里"夺"过饮料，然后大摇大摆，扬长而去。连一个文明用语都没有。奇怪的是那两个女子还做出很高兴的样子。我就想这个广告宣传的是什么东西？是饮料好喝还是不讲礼貌不尊重人可爱？也就是说，我对这个广告有意见。有了意见我就把它写出来，寄到了《中国广告》杂志。

我的意见刊出没多久，这个广告就把那个画面换掉了。

我不能确切地说，那个广告换掉画面是我的意见起了作用，但无论如何，我都会因为坚信我的意见很重要，而将我的意见表达出来，反映出去。

我先后向三个广告提了意见，尽管它们都是在很权威的电视台播出的。我尊重我的意见胜过尊重权威。很多情况下，我更乐意忠实于我的意见而非权威。我的意见可以被权威否决，但我自己不能首先否决我的意见。很多情况下，我的思想和智慧就是靠我的意见去体现去表达的，我如果老是轻视

我的意见否决我的意见，这就等于是我特别喜欢否定自己的智慧和存在价值。

有些人总喜欢说人微言轻。这话我不爱听。我的一个进城经商的农民朋友，发现工商部门老爱摊派个体户订报刊，就向市长提了意见。结果工商部门就不跟他摊派报刊了。我的一个在工厂当工人的朋友，发现城市里公共厕所太少，就向城市规划部门提意见，一次没动静就提两次，两次没动静就提三次。有一天他就来兴冲冲地告诉我，说他收到答复了，他的意见得到重视了。没过多久，这个城市的公共厕所果然就多了。

我和我的朋友可没上"人微言轻"的当。许多情况下，人的份量来自你思想的独到和意见的精准，而不是来自于你是个什么身份。我发觉很多人都特别害怕别人忽视自己，但他却偏偏爱忽视自己的意见；我发觉很多人都特别害怕别人不尊重自己，但他却偏偏不爱尊重自己的意见。什么叫"自重"和"自尊"？在我看来，自重自尊就是重视和尊重自己的意见。

面对这个世界，一个永远都拿不出自己的意见的人，一个永远都不敢拿出自己的意见的人，那么，他到底是一个什么样的人呢？说他是庸才，是蠢才，是奴才，都不好。

有些人哪怕他身居高位，但如果他肚子里产生不了意见，嘴上也表达不出意见，他在智者的眼里勇者的眼里，也依然很轻很轻。一个人在世人心目中的分量，往往来自于他的意见的分量，而非来自于他的地位和身份。

一个人自轻自贱，往往是从轻视自己的意见丧失自己的声音开始的。很多人赢得别人的重视和尊重，则往往是从重视和尊重自己的意见开始的。不信你试试。就从对自己说"我的意见很重要"开始试。

别在我面前亮身份

"有些人来买包烟,买包口香糖,也喜欢把自己的身份亮出来,好像他那身份就高人一等似的,可我该收他多少钱,还是收他多少钱,在我这里,不论他是什么身份它都不能多值一分钱。"我的一位开店做生意的朋友跟我说,说他最讨厌有人在他面前"亮身份"了。

我说有些人亮身份,已经亮成了习惯。

我也不喜欢有人在我身面前亮身份。有个文友,他明明知道我到他办公的那个单位去过,可他每次打电话来都要说"我是市政府××室的×××",让人听了很不舒服。他是完全以他个人的名义跟我交往的,通常的情况下,他没有任何必要每次都将自己的单位亮出来——所以我才说有些人是亮身份亮习惯了。亮单位就是亮身份。在有权力的单位工作,那不仅是很有面子的,而且也是很有地位的。

可以说,某些人的能力与修养远不如我,但就因为他工作的单位级别很高,权力很大,他就认为他比我有身份,他就要在我面前做出高人一等的样子。这样的人,我只能将他从我的朋友的名单中删去。我交朋友,看重的是他的修养,

他的品质。

有个多年不见的战友，好不容易跟他取得了联系，可他却在电话里说："好吧，什么时候我专门要辆小车到你那里玩一玩。"用得着特意说出"小车"来吗？我一听脸上就露出了哭笑不得的表情。这也是在亮身份呢。用小车亮。我想我之所以多年不见还记得你，那是因为我们过去有感情呵，而不是你现在有身份。

我也就明白了为什么许许多多过去很有感情的人，后来不来往了，甚至视若陌路了，那是因为有人把自己的身份亮成了一堵墙，或者一条鸿沟。

我的一个不喜欢亮身份的朋友，退休之后朋友满天下，走在路上尽是人跟他打招呼，拉着跟他说话，可有些喜欢亮身份的人一旦退休，就待在屋子里哪也不好去了，走在街上也怕见人——既是因为他原来亮身份把人都亮生疏了，也是因为他自感退下来没有身份了，见了人也没有说话打招呼的底气了。

许多仅仅只活在某种身份里的人，身份对于他来说也仅仅是个唬人的躯壳，壳儿一掉，就原形毕露了，丑陋不堪了。

世上的人，真正看重的还是以诚相待，平等相处，更何况随着我国谋生和致富门路的增多，人们的级别意识身份意识已经日益淡化，淡化得在平时的交往中只看重彼此的能力与修养。所以在我看来，亮身份的人实际上是在亮自己的陈腐与浅薄。

亮身份，真的不如亮真诚，亮美德。

不想隐瞒我的蔑视

一个很要好的朋友到孝感来，有人请他吃饭，他打电话让我也去，我首先问他都有什么人在场，他还没说完我就说对不起，我不能来。后来我跟他说："有些人，我是不可能跟他坐在一起吃饭的，有些单位，只要是那些人在，我是一辈子也不会跨进那个门的——我在这个世界上存在着，不可能没有自己的爱憎，更不可能不表现自己的爱憎，对于那些我认准了需要蔑视的人，我一定要表现出我的蔑视！"

我觉得一个人蔑视一个人，就要表达出来。不表现出来就会让对方犯糊涂。有些人，一单位的人都在心里蔑视着他，都在背后把他当作臭狗屎似的恶心着厌恨着，但是一转过身来，大家见了他又是脸上笑成一朵花，把他恭维赞美得浑身通泰舒服无比——他也就会越来越糊涂，越来越放肆，越来越不把大家当回事。

"他怎么能这样呢？简直是太张狂太霸道太不把人当人了么！"常常有人在背后这样说起他们蔑视的人——他们也因此更加蔑视他们所蔑视的人。

可以说，很多越来越邪恶越来越猖狂的人，都是因为没

有得到足够多的蔑视,才变得稀里糊涂胆大妄为的,同时也让他手下的人受到更多的屈辱吃到更多的苦头。这种人没有得到足够多的蔑视,当然并不是没有足够多的人蔑视他,而是有太多的人都把自己的蔑视隐藏起来了。藏在自己的屈意迎奉里,藏在自己的言不由衷里,甚至是藏在自己的奴颜媚骨里。

他们应该知道,蔑视这东西——应该说蔑视这种信息,不发送出来让被蔑视的人接收到,那就只能是源源不断地产生,源源不断地作废。

一个单位,一个地方,如果邪恶的人太多,太狂,那一定是那个单位那个地方的人发射的蔑视的信号太弱。任何一个地方,如果没有足够多的人勇敢地发射出蔑视邪恶的信号,这个地方的邪恶者,得到的信息就是片面的,虚假的,他的从片面虚假信息中得出的结论就会越来越荒谬,他的建立在片面虚假信息的错误就会越犯越大。

一个人,如果把自己的蔑视藏起来,害怕露给被自己蔑视的人看,他藏起来的,实际上是对社会对他人应尽的责任。

一个人做了坏事,或者是一个人灵魂丑恶品行丑陋,一定要有足够多的人向他发出蔑视的信息才行。一个健康的社会要维持自己的健康,没有足够多的人源源不断地发出蔑视的信息也是不行的。

所以我一向认为,一个人活在这个世界上,一定要敢于乐于亮出心中的蔑视来。这既是对社会负责,也是对自己的情感负责。一个敢爱敢憎敢于亮出爱亮出憎的人,他的各种各样的情感,才会从他的身上放出灿烂的光彩,他不仅会活得光明磊落,而且也会光彩照人。

我，比朋友重要

我是个从不讲什么江湖义气的人，很有可能，我也是个常常让朋友扫兴的人。朋友提的要求，只要与我的利益相冲突，只要让我的内心感受不舒服，我就会拒绝。我的利益，我的内心感受，永远比朋友的利益和内心感受重要。也就是说，我的交友原则，是我比朋友重要。

对不起，这样的话，十有八九，会让我的朋友不舒服。

与任何人交往，我都不可能与其达成朋友间有求必应、什么事都必须尽力帮忙的约定或默契。任何时候，我只会在原则、规则、法则之内给朋友提供帮忙，也只会在原则、规则、法则之内接受朋友的帮忙。

超过原则规则法则的范围，不论是我给朋友帮忙，还是朋友给我帮忙，都是给我身上安"定时炸弹"——说不定哪一天我就会倒霉，完蛋。在朋友面前，我自己的人生形象和人生安全以及心理感受，肯定是第一位的。

正是认为我比朋友重要，我才把生存的主动权，快乐的主动权，牢牢地掌握在自己的手中，我才一直在让自己拥有真才实学上下工夫，我才将尽可能多的时间与精力用在我的

人生必须有取舍

人生追求上，而不是用在与朋友喝酒、打牌、闲聊上。

我当然知道，某些人交朋友可不像我这样，他们总是喜欢把希望寄托在朋友中的某个人飞黄腾达之后自己也跟着鸡犬升天上，因此无休止地用自己的时间与精力去"投资"，甚至无休止地用自己的人格与尊严去"投资"。这种投资，实际上是在丧失自我。如此交朋友，连灵魂中的自我都出卖了，哪里还有人生的主动权？哪里还有实现人生价值的可能性？一个没有人生主动权和人生价值的人，他能拥有什么样的朋友？

我这一生，永远不会说出我为朋友两胁插刀、生死与共的话来，我也不会跟任何人结成一荣俱荣一损俱损的同盟。我的荣，我的损，由我自己全权负责。朋友的荣，朋友的损，也由朋友自己全权负责。彼此都是"全权负责"的人，才不会彼此成为拖累与负担，才不会让友情一天天走入阴影陷入泥潭，甚至弄到反目成仇不共戴天的地步。

也就是说，我要交的朋友，也是要具备"我比朋友重要"的意识的。这样的人，才是一个完全拥有自我的人。这样的人在这个世界上生活的时间越长，他的知识就越丰富，见识就越卓越，品行也会越纯粹。这样的人，虽然不会整个儿地跟你泡在一起，但他只要从自己的身上"割"那么一点点东西给你，那点东西对你来说就有可能是有百益而无一害的无价之宝。

从朋友身上得到的最宝贵的东西是什么？我认为，是那种让你大脑里的思维常常豁然开朗、让你心灵的门窗常常一扇接一扇洞开、让你的快乐之花常常盛开得高贵而纯洁——是那种智慧与精神共振上的馈赠。很庆幸，经过一次次的拒绝，现在留在我身边的朋友，就是那种常常将他们的人生体验与人生智慧馈赠给我、并常常能与我产生感情共鸣精神共振的朋友。

我的体会是，带着"我比朋友重要"的原则去交友，反而能交到真正的好朋友。

不要屏闭他人的人生亮点

"赵金禾的中篇小说，上了《小说选刊》！"这些天，只要见到认识赵金禾的人，我都会这么说。据我所知，这是赵金禾的作品第一次上《小说选刊》，也是孝感的作者第一次上《小说选刊》。也就是说，这件事，既是赵金禾的喜，也是孝感的喜。但对于某些心胸狭隘的人来说，同行者的喜，不仅不是他的喜，反而是他的忧——为别人超过自己而忧，为别人的光芒盖过自己而忧。

自古以来，都有"文人相轻""同行是冤家"的说法。"相轻"的具体做法，"冤家"的具体招数，往往就是绝不传播他人的成绩，尽可能屏蔽掉他人的人生亮点。特别是，要在自己的亲朋好友面前屏蔽。

"他在他的妻子面前，从来就只是讲朋友们出的丑，而不讲朋友们身上的那些值得敬佩的地方，至于朋友们在外面得了什么奖、有哪些精彩的表现，他更是只字不提守口如瓶。"我的一个朋友说起他的一个朋友时说。那个老是在妻子面前屏蔽朋友们的人生亮点的人，他的目的就是想让他的妻子变成一个井底之蛙，眼里只有他这一片天可仰望、可欣赏、可赞叹。

我在这里承认,我也是害怕朋友的光芒盖过我的,好在我能够清醒地意识到:一个人如果老是用一种自欺欺人的方式屏蔽他人的人生亮点,时间长了,他反而更容易让自己淹没、葬送在他人的种种光芒里。因为屏蔽他人的人生亮点,暴露出来的只能是自己心灵的阴暗。一个人心灵深处有一点点阴暗,那也许很正常,但一个人如果老是去强化那种阴暗——让它变得足够厚足够黑,那就很不正常了。因为,那放大了自己的人性恶。

一个人如果老是去做那种屏蔽他人人生亮点的事,那事实上,他就是在做一种老是去强化自身阴暗的事,他表面上屏蔽掉的是他人的人生亮点,而实际上,他屏蔽掉的只能是自己心灵中的善良与美德。

我跟赵金禾是忘年交。已经交了三十多年。对于他作品中的不足之处,我从一开始就敢于给他指出来,也可以在背后跟其他朋友探讨。但对于他作品中的优点,对于他在哪里发表了作品、得了什么奖,我是一定要大讲特讲的。这不仅仅是对他的赞美与宣传,更是对我的内心世界的一种必不可少的建设。

可以说,任何一个人,他人生中最可宝贵的资源,就是珍藏在他心灵深处的善良与美德。因为人的善良与美德是人的才华与能力得以持续生长最终长成参天大树的最为肥沃的土壤!我敢说,许多天资聪颖才华出众者的最终衰败与沉沦,其原因就在于他们放纵了自己的阴暗——他们心中的善良与美德,被日益膨胀的阴暗挤压得无法存在了!心中只剩下大片大片阴暗的人,他还能有一个美好灿烂的未来吗?

正是因为有这样一种清醒,我才要求自己在任何情况下,都能做一个乐于宣传他人(特别是朋友)成绩与成就的人,都不干屏蔽他人(特别是朋友)人生亮点的傻事与蠢事。一个人要珍视、呵护自己心灵中那片善良与美德的土地,他不这样做,那是怎么也说不过去的。

有敬意，才拜年

我上了二十几年班，没给一个上司拜过年。等我辞职好多年了，才想着有一个人，是值得我去拜年的。好在这时候，她也退休了，我给她拜年，没有一点心理负担了。这个她，名叫李云霓。

1987年秋，我从安陆县农机部门调到孝感地区图书馆，那时正在评职称，馆长李云霓交给我一个任务：回安陆，去找一个叫陈建平的人，给他做工作，"这个副教授，他一定得要。"李云霓告诉我，陈建平是安陆县图书馆的一名员工，"这人非常有水平！但就因为被打过'右派'，加上年纪大了，他说他把一切都看穿了，发给他的表，根本不填！"

找到陈建平家里，见到这个长了半脸兜嘴胡子、衣着陈旧、神情散淡的老人，我说明来意，他眼珠都没动，淡淡一笑说："我这一生，从不看重这个。"我想了想，问："你跟我们李馆长，是亲戚关系吧？"他摇头。我又问："你有什么亲戚，在哪里当官吧？"他又摇头。我就说："据我所知，为了能给自己评上职称，很多人都在那里钻墙打洞地找关系，弄假证明。李馆长这样做，显然是在为真正有本事有能力的

人主持公正。你去参评,并不是你要得到什么待遇,而是你得参与到捍卫公正这个行列中来。人活着,他如果连世上最宝贵的公正都可以看淡,那他——"我七说八说,他竟然同意参评了。他也最终被评为"副研究馆员"。

整个地区图书馆系列的评委会,设在地区里,李馆长只要有一颗主持公正的心,就能在这方面发挥很重要的作用。在办公室工作的我,默默观察到李馆长,为下面县里不少默默无闻无权无势的工作人员主持了公正。

跟李馆长一起工作的时间长了,我发现,李馆长最可敬的地方,就是她总怕有能力有水平的人吃亏,受压抑。对于这种人,她是能护就护,能帮就帮。闻一多有个侄儿子名叫闻立法,因为太过刚直正派,干了一辈子,连个县一级的副馆长都没当上。他这个副研究馆员退休之后,按说应该返聘的,但他所在的那个县级图书馆,就是不返聘他。李馆长苦笑笑,直接把他返聘到地区图书馆来了。

1991年,李馆长调到文化局任副局长,让我深感意外的是,她居然推荐我为临时馆长。那时馆里其他人的身份,都是"国家干部",独我一个是"工人"。尽管我对这事也是看得很淡,一再表示拒绝,但在内心里,我还是挺感动。在这之前我走了那么多地方,有谁这样公正地对待过我呢?从我为解决两地分居调到孝感来,到她举荐我为临时馆长,她连我的一杯水都没喝过,我连她家的门往哪开都不知道。

李馆长现在已经是年近七十的人了。从她退休的那年起,我开始给她拜年,一直拜到现在。逢重大节日,也会带着妻子去看看她——陪她说说话,叙叙旧。知恩图报?我不讲这个,我是个心里对谁有了敬意就一定表达的人。

对于我来说，这个世界的份量，基本上就是由那些在我心里积攒了敬意的人构成的。我表达对他们的敬意，也是表达对这个世界的敬意。

拜年，是中国人表达敬意的一种特有方式，而我觉得，带着敬意给值得尊敬的人拜年，不仅心里不会有任何的难堪和负担，相反，它反而会在心里洋溢着最能滋润心灵的温馨与快乐，也能让自己在心里厚厚地培植着一种正义与高尚的爱意与情怀。

人生必须有取舍

什么样的人在我心里有分量?

读过刘富道《汉阳事件》一书的"征求意见稿",我写了一篇读后感式的文章。在刘富道的这本书正式出版之前,他突然给我发来电子邮件,说:"我在这本书的封底,把你文章中开头几句话用上去了,原来想给你一个惊喜,现在想到是不是通报一下,否则侵权。现在你不同意还来得及。"

同时传来他那本书的封底样照,果然,上面有我文章的一段话:"读一本书,读得我的灵魂常常在地上打滚、哀鸣。这本书,是刘富道的《汉阳事件》。这是一本为汉阳事件的冤魂平反的书。所谓汉阳事件,就是1957年汉阳一中的学生仅仅因为要了解升学率的真相和不满在升学率上存在的城乡差别,他们的过激言行就被定性为'反革命暴乱'。刘富道写这本书的目的,就是希望中国今后不再发生这样的冤案和悲剧。"后面特别注明了:"作家 陈大超"

"否则侵权"!这四个字一下子就打动了我。

刘富道是我父亲的战友,我喊他"刘叔叔",他算得上是我的长辈。刘富道在我还是个刚刚起步的文学青年时,就是名满全国的著名作家了,他后来退休后还当过湖北省作家协会的主席——也就是说，他在我这个文学晚辈面前，有着可以说是相当高的社会地位。

没想到，他仅仅只是把我文章中的几句话"搬"到他的一本书的封底上，就想到这样做弄不好就是"侵权"——如果事先没有得到我的同意或允许的话。也就是说，在这件事上，刘富道根本没有意识到他的长辈身份的存在，也没意识到他的社会地位的存在。

在他看来，一个人不论他有着什么样的身份和地位，他都必须无条件地尊重他人的著作权。透过这件事，我发现，在他心中最重的是法律，而不是什么身份和地位。

当然，他开始想到的，是给我一个惊喜。

他把我的那几句话印在他的书的封底上，还特意注明"作家　陈大超"，这对我显然是一种宣传——有利于提高我的知名度。

但他很快就打消了这种想法，很快就想到了你的主观意愿再美好，也不能取代别人的意愿——只要事关法律，就得首先取得别人的授权。没有别人的授权，你的想法再美好也不能算数，更不能实施。

这些年，侵犯我著作权的人太多了，其中不少都是有身份有地位的人。正是在这种背景下，刘富道的那个邮件，那句"否则侵权"，才是那样地打动我，感染我。

一个真正有身份有地位的人，他一定是把法律看得很重很重、把他人的合法权益看得很重很重的人。

刘富道，他在我心里的份量更重了，他在我心里的地位更高了。

人生必须有取舍

头发与想法

我给自己理发,已经很有些年头了。平时在家里,只要手摸在头上,感觉到哪个地方的头发长了,就会一只手揪着那长的部分,用另一只手去剪。前面剪的很好看,容易,后面剪的很好看,难。好在这个世界上,没有人会特意跑到后面,看我那剪得不好看的头发。

不知是不是受到一篇文章的影响。那篇文章写的是一个人去理发,因为遇到了一个新手,结果把他的头发理得像狗啃的。他走出理发店之后,眼睛都不敢看人。是觉得自己没脸见人。但走着走着,他就无所谓了。因为他发现,满大街的人,都是行色匆匆,各走各的,根本没人往他的头上看——是根本就没人意识到他的存在。也就是说,你自己的头发理得不好,只有你自己在乎。如果你自己不在乎它呢?那它根本就算不得一回事。

促成我给自己理发的,是发廊小姐的脸色。改革开放之后,理发店没有了,取而代之的是发廊。收费,也就从当初的几毛钱变成了几元钱。而另外吹发烫发呢,自然要另外加钱。我的头发是有点天生的自然卷的,根本用不着烫和吹,但每次发廊的小姐都会特意问一下："烫一下吧？"或者是："吹不吹？"你若说不烫不吹，她的脸色立刻就很难看了。脸蛋再好看，但如果脸色不好看，那我是看了第一次，就绝不想再看第二次。

当然，有时候妻子也会说："看你后脑壳剪的，高一块低一块，丑死了。"几次都说"快到发廊里让人给你剪剪整齐吧。"我故意跟她痞着说："我可不想让发廊的姑娘娃，在我的头上摸来摸去。"见我不肯去，她只好拿起剪子，帮我修一修。后来我剪出经验来了，大多数情况下，后面也可以剪得不再明显的难看。

但是有一次，我却差点跑到发廊里去了。那是1999年，上海的《故事会》，请我去参加笔会。我心想：总不能带着一头自己剪的头发，跑到人家那么大的城市去丢丑吧？更何况，上海是个特别讲究穿着打扮的城市。但想来想去，我觉得我如果真的为此到发廊去剪了发，那我这个特别看重平等与公正的人，就是犯了一个不平等不公正的错误了。最后我跟自己说：既然我让咱们孝感人看的是一头自己剪的发，那我也得讲他们上海人看我一头自己剪的发。我不能因为咱们孝感是小地方，就亏待咱们孝感的人。

要亏待，那就连上海人一起亏待好了。我的头发，孝感人看得，上海人就看不得？孝感人跟上海人也是平等的嘛。

后来有一次，要到北京去领一个奖，我很快就想过来了：我既然让上海人看了我自己剪的头发，我也得让北京人看我自己剪的头发。哪怕北京是首都，北京人也不能在我这里搞特殊。不，是我自己觉得，天底没有哪个地方的人，可以让我去特殊对待。

人生必须有取舍

现在,身边的人,都把我自己给自己理发当作佳话讲,说我为了节省时间,连头发剪得高一块低一块都不在乎。但在我看来,我自己给自己理发,这事儿并不值得一说,真正值得一说的,是我的那些心理活动。或者说是我的那些个稀奇古怪的想法。

"面子"压不弯我的笔

在我们这个地方,绝大多数找我写东西的人,都是碰了壁的。"你的'狠气'还不小呢,连那么有头有脸的人都敢拒绝。"朋友笑着跟我说。

我说写那种违心的东西没意思,我不能为他们拍拍我的肩膀,说我能写,说我还不错,就被他们牵着鼻子走,写那种让灵魂痛苦也惹人笑话的东西。后来我辞职了,回家当了完全以写作为生的人了,还有许多挺有面子的人来找我写那种我挺不喜欢写的东西,自然,我统统地拒绝了。就是给钱也不写。

最让我难以拒绝的,是有一次,一个人带着我的孩子的班主任一起来说情,请我帮她写一篇先进事迹,说事迹都是现成的,只是想请我"从艺术上加工加工"——实际上就是歪曲先进人物的思想以迎合某些人的思想。我同样拒绝了。只不过是,这一次我把话说得非常委婉,道理说得非常充分。

对我来说,孩子的班主任当然是很有面子的,但我这人就是这么倔,再大的面子也压不弯我手中的笔,也不能改变我"不写我不愿写的"的写作原则。作为一个文人,我知道

我的笔必须掌握在我的手中，我的笔必须跟我的脊梁一样硬。

在如今这样一个金钱和权力分外吃香的社会里，文人的价值几乎就只剩下手中的这支笔了——可以用文字将自己的所思所想表达得清清楚楚精彩纷呈的能力。这种能力也只有用在真实地表达自己的真情实感上写出于世道人心有所助益的文章才有价值，才不辜负自己孤灯独影呕心沥血下的那一番苦功。

所以我认为，一个文人如果仅仅因为别人的面子大，就让自己手中的笔写出有违自己良心，甚至是表面上冠冕堂皇实际上却是胡说八道混账至极的文字，那就是对自己的笔的玷污，对那种能力的糟蹋，对自己的最大不尊重。

这些年来，为什么人们在说到某些文人的时候，会情不自禁地露出鄙视的目光，说出不屑的话语？就是因为那些文人的笔，很容易就被金钱的面子权力的面子压弯了——虽然握在自己的手里，但却听凭着别人的使唤，尽说一些媚权媚钱的违心话吹捧话下作话。但是无论如何，我是不会让自己也成为那种文人的，哪怕我是个完全以写作为生的人，我也会把我手中的笔看得比任何人的面子都金贵。

当然，只要找上门来的，是我真正愿意写的，就是对方一点面子也没有，我也会写。前不久我们市戒毒所的一个人找到我，说想请我给他们那里的戒毒人员写一首诗，放在他们的宣传栏里作宣传，我立刻就答应了。尽管没有一分钱的稿费，我还是用了一整天的时间熟悉人家送来的材料，反复酝酿构思，好好地为人家写了一首诗。因为我觉得作为一个文人，我有这种责任。

做人的快乐在做"人"

"是你当副馆长的时候活得快乐些呢？还是你辞职后当普通人活得快乐些？"一位来聊天的朋友，给我提出了这个问题。我说当然是辞职后做普通人快乐些啊。

或许是从读小学起，我就开始当学生干部吧，我也从小就把"做官"当成了自己的人生志向。没想到，在学校里当"学生头"一直当得很顺当的我，走上社会后，一直"奋斗"到三十多岁，才当上一个图书馆的副馆长。这时候我已认识到我的性格其实是非常不适合"做官"——更重要的是，这时候我已经意识到了人生在世，最重要的是把"人"做好，是做一个有追求有信念有尊严的人。

所以 1993 年春，当我的副馆长的任命文件正式下来，同事们改口喊我"陈馆长"的时候，我就反复跟他们做工作，要他们还是对我直呼其名，说喊"馆长"，会在不知不觉间强化一种"级别意识"，让我远离一种普通人的心态。后来辞职出来，我就完全彻底地活在一种普通人的心态里了。

回想起来，我过去之所以那么想当官，一个很重要的原因，就是想活在一种被人恭维和服从的心态之中。要知道，

我在学校读书的时候，因为一直当着学生头，很多情况下，我可是"享受"了足够多的恭维和服从的，连上学放学，都是"前呼后拥"。或许正是在这种状态下待久了，我的心灵才受到了毒害，竟然错误地将那种浅薄和丑陋的虚荣，当成了人生的荣耀来看待，当成了人生的目标来奋斗。

好在走出校门之后，我在这种奋斗中遇到了太多的失败——正是这太多的失败，洗去了我心灵的污渍，清除掉了我心灵中的毒素，让我认识到普通人不能在平等的体制和环境中做人是多么痛苦，一个身上有一官半职的人能够平等地对待他人平等地对待自己是多么重要——可以使他人少受免受伤害，也可以使自己拥有健康的心智，获得不受官位升降得失影响和左右的人生快乐。

"不少人见我退休后迷上了给报社投稿，一有时间就去采访那些摆摊的，卖早点的，给人擦皮鞋的，还到报社去开通讯员会议，就劝我别干了，说这样做太有失身份了，可我倒觉得我这样活着很充实，也很开心。"我的一位从正处级岗位上退下来的忘年交跟我说。可是那些劝他"别干了"的人，因为退休后从原来的级别和虚荣里出不来，结果心理失衡，心情败坏，一天到晚上闷闷不乐。

这也让我更加坚信了做人的快乐在做"人"，而不是做官。

有种爱是装作不心疼

股票疯长的时候，三弟打电话来说："你拿出二万来炒，到年底至少能赚三万。"二弟也打电话来说："我拿了六万去炒，一个月就赚了四万。"我仍然不为所动。我这人有点"迷信"：越是好赚的钱，越不是我能赚来的。妻子却说："你不赚，我去赚行么？"经不住大家一劝再劝，我终于说："行。"于是从我多年存下的稿费里，取了二万给她。

妻子排了好几天的队，才入上户。没几天时间，账上就多了将近二千元。"这不比你辛辛苦苦写作强多了？"她满脸喜气地说。她说只要赚上了钱，我就可以少写点，"干吗不过得轻松悠然些呢？"她说。

接着就是印花税，就是止不住地狂跌。"赚来的那两千元，转眼之间就没有了。""今天又是跌，我们的本钱开始亏了。""今天又是跌，我们的本钱已经亏掉四五千了。"妻子下班回来，第一句话就是报告股市行情。我总说："不去管它，既然入了股市，不论涨和跌，都要保持良好的心态。"有时则说："不要紧，过些时一涨，那些亏去的本立刻就会回来的。"

人生必须有取舍

做出一副无所谓的样子。

但是时间过去了一天又一天,不仅亏去的本没有回来,反而有更多的本又亏了进去。"已经亏去七八千了。"有天妻子回来,怏怏地说。我立刻说:"没事没事,人家比我们亏得更多呢,我今天在报纸上看到一个消息,一个人抽支烟的工夫,就亏去了十万。"

妻子从此爱上了看电视上的股评,看报纸上的股评,还找那些会炒股的同事取经,还戴着老花眼镜,很认真地在那里做笔记,中午也不睡午觉了,说就是一点至三点那段时间要紧。

"只要抓住了机会,我就卖出去,这样就能减轻一些损失,说不定,有时候还能一下子赚几百块钱回来。"但那样的机会总没出现,"我发现股票跌起来,一下子能跌好多,但往上涨呢,总是几分钱几分钱地涨,而且还没涨到你要出手的地步,它又跌下去了。"妻子又一次苦笑着说,我就说:"现在这样的股市,你没有必要天天去看了,只当没有这回事的,让它放在那里吧。"

股票继续在跌,两万元,跌得只剩一万了。发表多少文章才能赚回这么多的钱?这些文章又得多少时间才能写出来?但是这个账,我只在我的心里算一算,当着她的面,我的脸上不知多么的风平浪静。钱损失就损失了,如果弄得家庭不和,损害了身体健康,那就真的是太不划算了。有时候真正能够减轻的损失,就是不让家庭的和睦与健康搭进去。

接下来的一天,妻子回来说:"告诉你,你可得有心理准备,我们的本钱已经跌得不到八千了。"我只是望着她笑笑,又埋头写自己的文章了。"咦,我发现你对我们的钱一点都不心疼呢。"她睁着一双疑惑的眼睛,久久地盯着我。我只好再笑笑,说:"没事的,说不定什么时候就会涨起来的,我们需要的,只是沉得住气。"

　　我没有说出口的是:有一种爱,是损失再多的钱,都要装作不心疼。

人生必须有取舍

唯一需要"确认"的

那是虎年正月初三的下午,回到安陆过年的我,路过新华书店的时候,见台阶上面坐着的一个讨饭的人,正把左手里的一个柚子,往台阶的楞角上砸。她的右手是吊在胸前的。

她的右手是真的有问题,还是她那样吊着只是玩的一个苦肉计?她围着围巾,穿着很旧的棉袄,脸和鼻子冻得通红,面前放着一个讨钱的碗。我想我应该帮她把柚子剥开。她是不是在玩苦肉计,这个我是没法确认的。既然没法确认,也就不需要确认了。于是我走到她跟前,蹲下身子,说:"我来帮你剥吧"她说:"好。"声音是嘶哑的。

我正在剥的时候,一个三十多岁的男子,带着他的一个孩子,出现在我的身边。男子说:"这个柚子坏了,不能吃了吧?"他显然是对我说的。是的,柚子被砸过的一端,剥开后是烂的——好像是坏的。如果仅仅是砸烂的,这并不影响它的品质。我放在鼻子跟前闻了闻,闻不出异味。我又不能通过别的方式确认它到底是好的还是坏的。既然不能确认它到底是好是坏,我只能认为那个男子说的有道理——不能让她吃坏的。

那个男子能停下来观察我给她剥柚子,能说出这样一句关心她的话，我觉得也是挺可贵的。我想既然要做好事，就把好事做到底吧，于是我对她说："我去给你买一个。"她点头说："好的。"嘴角上露出一丝抑止不住的笑容。我往转走，走到一个巷子口的水果摊跟前。我给她买了一挂香蕉。柚子剥开了，吃不完容易弄脏。

见我回到她跟前，扯下一个香蕉给她剥开，她冲我连连点头。她把香蕉接在手里，并不急着吃，而是跟我说："我们那里，下了冰雹，房子都倒了，田里种的洋芋，也绝收了，我还有三个孩子，大的一个，要读高中，第二个，在读初中，我还有老父亲，老母亲……"我不能确认她说的这些，是真是假。我想既然没有办法确认，我也就不需要去确认。

我记得我读小学之前，曾与一个名叫钢军的小伙伴，去菜市场捡那些还能吃的菜叶，然后将它们收拾得干干净净，送给一个满头白发的瘦得皮包骨的独居老奶奶。我记得我三十多岁的时候，有一次下班途中，见一个五十多岁的男人，躺在路边，肚皮几乎塌到了脊梁上。我车子已经骑过去好远，但最后还是转来了，我掏出身上所带的钱送给他。四十多岁的时候，有一次也是回安陆过年，初一的早上，我在印刷厂附近，见一个乞丐眼勾勾地盯着一个空空的垃圾箱在那里发呆，我立刻就找到一个开门的副食店，给他买了一包饼干。

据说现在不少以讨钱为生的人，都是百万富翁，他们的那种可怜相，其实都是装出来的。但我不能确认所有的乞讨者都是这种人。我想很多情况下，我唯一需要确认的，是我的那一颗善良的心还在不在，我是不是已经变成了一个麻木不仁甚至是冷酷无情的人。我想只要那样的一颗心还在，我给世界的美好，世界给我的美好，就不会太走样。

坏运气是来检测我的

"我发现你的运气挺坏的，呵呵，比我的坏多了。"我的一位名叫岳扬的朋友说。岳扬小我15岁，跟我交往的时间，已经超过20年，他对我应该是了解的，他说我的运气坏，肯定是有依据的。

他说运气坏的人，总是付出的多，得到的少。他说在他眼里，我总是在付出，许多该得到的，眼看就要到手了，却又鸡飞蛋打了，不了了之了，失之交臂了。"可是你还是在一如既往地奋斗，还是保持着那种仿佛太阳刚刚升起时的心态，还是像当初一样那样严格要求自己——绝不允许自己偷懒、悲观、消沉，我觉得，这才是你身上最可贵的。"

我笑着说："我能得到你的这种评价，就说明我的运气并不坏啊。"接下来我说："在我看来，我遇到的每一个坏运气，它对我都是怀着善意的，它的到来，仅仅只是为了检测我——对我的意志品质进行检测，对我的知识结构进行检测，对我的才华能力进行检测，对我的理想信念进行检测。既然我是这么看待坏运气的，我当然会在坏运气面前抱着虚心甚至是敬畏的态度，我也只会把我的注意力，放在如何改进和提高自己这个方面。别的，我想的并不多。"

岳扬点点头，笑一笑说："我完全没想到，你对坏运气的看法，竟然是这么独到，有价值。"又说："据我观察，坏运气是最能磨损人的意志、压垮人的精神的，因为，坏运气最容易让人得出这一生无论如何努力都不行的错误结论。"

我说："你刚才说我付出的多，得到的少，如果把心灵的成长、思想的超越、精神的强大，也视为一种'得到'的话，那我得到的其实并不少。"岳扬想了想，点点头，表示赞同。

记得 20 年前，我的一位作家朋友给我写过一篇题为《总差那么一点点》的纪实作品，发表在当时的《今古传奇》杂志上，作品列举了我差一点就入了党差一点就提了干差一点小说就上了《人民日报》差一点就从车间调进了文化馆——等许多倒霉趣事，让许多读过作品的人感叹不已。

这 20 年来，坏运气给我带来的"总差那么一点点"，仍然可以列出一大堆。或许正因为如此，才有不少人都以为我会被接连不断的坏运气打垮，但当他们中有的人，特意找到我要看看我到底活得怎么样时，却发现我的精神状态不是一般的好。多年前采访过我的《湖北日报》高级记者朱学诗，有一天打电话给我，说着说着他不由得感叹："光凭你说话的声音，我就知道你还是原来那个陈大超，我就应该再来采访你！"

他也真的再来采访了我。他是我辞职后先后三次采访过我的人。

人生必须有取舍

　　他们都对我的"坏运气是来检测你的"的说法感兴趣，说一个人只要这样看待坏运气，那么坏运气带给他的，就只能是人格的更加完善、心理的更加成熟、胸怀的更加博大——事业上，也必定会不断取得新的成绩。

　　在出书上一直运气很坏的我，一旦出起书来，不是很快就一连出了六本吗？

尊重普通人,就会"不普通"

到浙江浦江参加笔会回来,我把一些照片传给朋友看。有张照片,是我在登仙华山时,在山道上跟一位头发花白的清洁工的合影。"那张你与清洁工的,令我非常感动。我想,这个清洁工肯定也是第一次与作家如此亲近。不知他老人家是否也满怀激动。"有个朋友在邮件里说。

作家?我当时没想到我是作家呀。当时我只是觉得,他那么大的年纪了,还挑着两个长长的蛇皮袋子,用手里的一根火钳,在那么陡峭的山道上捡拾游客丢下的各种垃圾,一定非常辛苦,我应该通过某种形式,向他表示一下敬意。

我和清洁工合过影,很快就走到前面去了。前面的山越来越陡,沿途的塑料瓶、纸盒、塑料袋丢的随处都是。丢在路上的还好,还可以被清洁工捡走,那些丢在峭壁上的,树枝上的,那恐怕会长时间地污染环境、有碍观瞻。其实,沿途都有垃圾箱,如果那些游客把垃圾丢在垃圾箱里,也能更方便工作人员把它们集中运走。

我手里的一瓶水,喝到少女峰下的时候,还有四分之一

的样子。上不上少女峰呢？好多比我年轻的人都放弃了。几乎是垂直的山崖，只能攀着两边的铁链，登着在岩石上凿下的一个个仅供落脚的小窝窝，才能上去。连随身的小包包都不能带。上不上呢？我是有高血压的人，会不会出意外呢？

最后我还是决定上。我从包包里翻出一瓶救急的药，放在右边的裤袋里，把那瓶水，装在左边的裤袋里。

到了顶峰，我的T恤已经汗透。我把剩下的水全部喝光。望着手里那个已经喝空的塑料瓶，我想了想，把它装进了裤袋。放在裤袋里，鼓鼓囊囊的，在山崖上不论是攀上还是攀下，都会让人感到不利索。可我想的是，总不能让清洁工爬到这山顶上来捡垃圾吧？

我一直把这个空水瓶带到山脚下，才把它放进一个垃圾箱里。"如果普通人都能做到你这样，那我们的清洁工，就不会那么辛苦。"导游跟我说。我说："我也是个普通人啊。"她说："你能这样为清洁工着想，你就很不普通。"

我坚持说："我真的觉得我是很普通的，正因为我觉得自己很普通，我才会站在一个普通人的立场上想问题，我才会害怕增加清洁工的负担。"

她却说："我当导游很多年了，我见过各种各样的人，我发现，越是能尊重普通人、能为普通人着想的人，他就越不普通。"我笑着说："不好意思，我无意中让自己不普通了一回。"

或许，我真有不普通的地方，但那不在于我是一个"作家"，而在于我从内心深处尊重普通人，也把自己当作普通人。

看重"心灵存折"上的财富

在北京的一家杂志上,一连发表了三篇文章,但是过了好长时间,一分钱的稿费也没收到,我只好很认真地写信去讨。不久,接到该杂志一位工作人员的电话,她承认"可能是哪个环节上出现了失误",说她一定会督促有关人员办好这件事。

然后她说:"为了您联系方便,请您把我的联系电话记下来吧。"接着又说:"你用 qq 吗?如果用 qq 就请记下我的 qq 号。"我说我没用 qq,她想了想又说:"那请您记下我的电子邮箱吧。"我立刻说好,然后笑着说:"你想得可真周到啊。"她说:"我想让您尽量从网上跟我们联系,打长途电话,很费钱的。"

这话说得我暗自一惊。

如此萍水相逢的人际交往,竟然怕对方打长途电话费钱!没有一颗特别善良特别真诚的心,那是做不到这一点的。那一刻,我真是很感动。几个月后稿费寄来了,她发来一个邮件说:"由于换了主编,稿费标准降低了,但愿不会让您

太失望。"我立刻回复说："虽然少了点，但总比没有强，特别是，遇着你这样一个心地特别善良的'办事员'，让人心里又多了一束人性美的鲜花，也是一种意外的收获。一个人心里积累的来自外界的善意越多，他对世界对人生的感情也会越深，他也越会留恋这个世界。这应该是更重要的财富。"

有那么几年，我特别爱给台湾的报刊投稿，一个很重要的原因，就是台湾的编辑非常呵护投稿人，他们的退稿信，不是冷冰冰的"来稿经研究，不拟刊用"，而是非常客气地说你的稿件"多有可取之处"，只是他们这里"稿挤"，怕给你"造成延误"。大多都是手写体。《皇冠》的总编还在来信中说我的小小说写得"很棒"。而且，他们也特别讲信誉。我曾在《联合报》副刊发表一篇八百字短文，他们来信说稿费先存在他们那里，等两岸实现三通后再寄我，或者是等我告诉了我在海外的亲朋的地址，也会随时寄。五年之后，我在香港有了一位诗友，我把诗友的名字与地址写信告诉他们，他们很快就把稿费寄出了。收到这笔稿费的时候，我心想：这哪里是几百块钱啊！

我一直认为，挣钱谋生的过程，既是一个人积累物质财富的过程，更是一个人积累精神、情感财富的过程。我常常有这样一种感觉，在挣钱的过程中如果能够遇到讲规则守法度的人，遇到重承诺讲信用的人，遇到待人真诚热情又善良的人，我在把钱挣到手的同时，我的心灵，也同时得到了人类美德和人性之光的照耀，我的内心深处，也多了一笔可以滋养我的人生信念、保护我的美好心态的财富。

有时没有"遇到"怎么办？我的想法是：不要轻易失望，不能轻易放弃，要尽可能地运用自己的能力与智慧，为"遇到"可以帮助自己积累精神、情感财富的人创造条件。我相信，一个乐于和善于这样做的人，他每在银行的存折上存下一笔钱，他也会在自己心灵的存折上，存下另一笔更宝贵的财源。

第四辑 好好做人，永往无前

你让我摸,我偏不摸

只要出去旅游,就会有人让你的手去摸这摸那。有意思的是,绝大多数人都会去摸。当然,有人是觉得好玩——摸的时候嘻皮笑脸,有的人则是满心虔诚——摸的时候是一脸的庄重。

让你摸这摸那的人,一般是导游和讲解员。导游和讲解员的能耐,就表现在他们能轻松自如地调动游客。不仅能调动游客的视线,双腿,钱包,而且也能调动游客的手——让你往哪里摸,你就得往哪里摸。

常常是他们的话一说完,游客们就会争着伸手去摸。这种场面,已让他们习以为常。所以,偶尔出现了站在一边偏偏不伸手去摸的人,他们就会拿一种疑惑或者审视的目光,不动声色地扫你一眼。

大家都摸,就你不摸,一个敢于如此不随众的人,他到底会是一个什么样的人?

管他怎么想,我偏偏就喜欢站在一边,看着别人摸,自己不摸。

一棵长了几百年的老树,真的就是"神树"?真的是你只要摸摸它，它就能给你带来财运？保你长命百岁？

一块长得像个鱼头的石头，你摸摸它，它真的就能让你"年年有余"？真的就能带给你打麻将赢钱、买彩票中奖的好运？

一个用石头雕成的老虎，你摸摸它的头，它真的能给你带来官运？你摸摸它的屁股，它真的能给你带来财运？你摸摸它的肚皮，它真的能给你带来桃花运？你把它从头到尾摸一遍，它真的能保佑你一生平安顺遂？

……这世上的人，谁不想走官运走财运走桃花运？谁又不想长命百岁一生顺遂？那些导游和解说员，正是抓住了人们的这种欲望与心理，来调动人们的手——让你往哪里摸你就得往哪里摸。

反正又不要自己额外花钱，反正就是摸一下那么简单，既然如此，那干吗不摸？

可我偏偏是这样一个人：你越是想让我摸，我越是不会去摸。

我觉得做人，最应该忌讳的就是盲从。

也有另一种情况——许多时候，你越是不想让我摸，我越是要摸。

比如这次到张家界旅游，导游把我们带进一个商场购物，凡是购了物的，可以凭票摸奖。我去摸奖时，服务员说如果我放弃摸奖，可以在她面前的一个玻璃碗里挑选一颗"宝石"。我看那些"宝石"，一颗颗只有绿豆那么多一点，心里想：谁知道这些东西是什么玩艺？我便说："我不要这些小石头，我要摸奖。"

那些摸了"神树""神鱼""神虎"的，全都摸的"谢谢

惠顾"，独我一个摸了一个价值数千元的"一等奖"！

导游笑着恭维我："真是好人有好报！"我想纠正他：是独立思考、不受他人蛊惑的人有好报。

当然，作为一个喜欢独立思考、不易受他人蛊惑的人，我得到的好报是在很多情况下都能活得很清醒、很理智、很有见识、很有尊严，而不是这样的一个一等奖！

把"最坏"的生活过好

"你要是到北京或者广州去发展,肯定比待在家里强。"一个外地的朋友在电话里说。这样说的人,不止一个两个。每次都是我把我身上的那个病说出来,他们就发出"哦"的一声,说"原来是这样啊"。

那个病是牛皮癣。最开始的时候,只有腿上有一点,抹点什么药,好了;过些时又冒出来,再抹点药,又好了。但我不知道它是牛皮癣,以为只是一般的什么皮肤病,就没有禁酒,也没有禁牛羊肉等。到了我三十多岁的时候,它由一个点,变成很多个点,分布在身上的各个部位。反复治,花了很多钱,反而越来越严重。

这病是治不好的。诚实的医生都这么说。为了控制它,只好忌嘴。于是最喜欢吃的羊肉牛肉,不敢挨了。酒,更是一滴也不敢沾。以前我自己在家里吃饭,还是喜欢喝两杯的,喜欢那种入喉时的暴烈香气,和喝到五六成后那种晕乎乎的陶醉感觉。但是牛皮癣严重之后,喝进去的酒,会在深夜里,变成无数巨痒的焰花,从骨头缝里升腾出来,升到皮肤的表面之后,就猛然一炸,那一种痒,一次又一次地让我想从自

己的皮囊中"逃逸"出来。

鱼，也是不能吃的。几乎所有的肉，都是不能吃的。

2006年，我下决心任何肉都不吃，半年下来，人瘦得走路直打飘，终于大病一场，住进了医院，而且用了一年多才恢复。从此再不敢任何肉不吃。控制着吃一点瘦肉，一点鱼，一点蛋。但吃了，身体上的牛皮癣，就明显的变红，变厚，让人看着心烦。心情自然就不好。"真是讨厌啊！""该死的牛皮癣，真是烦死人！"心情不好的时候，嘴里就喜欢说出许多抱怨的话。但这种话说多了，是会影响到家人的心情的。于是尽量克制着不说。

身边的朋友，还有远处的朋友，不时地会给我弄一些偏方来，甚至把一些中草药送到家里来。他们一次又一次让我感动得无话可说。几乎每一种新药，开始的几天，似乎很有效，但是几天之后，就又不起多大作用了。现在的办法，是每天用樟树枝叶、杉木刨花、艾蒿，煎水洗，另外吃一种中药丸子，可以控制在不太难受的地步。但是外出怎么办呢？只能是尽量不外出。出去旅游，顶多在外面待得两个晚上，再长，身上的牛皮癣就会大发，让人难以忍受。我一年三百六十五天，基本上都只能待在家里。有规律的生活，可以让我稍稍好受一些。

这种受到很多限制的生活，无论如何是有缺陷的。我活着的快乐，是打了很大很大的折扣的。我常常一脸苦笑地想：这就是我的生活啊，这就是我的种种选择里，一种最无奈的生活啊。但尽管如此，我还是得以最积极的心态、最大的热忱，把这种生活过下去，让我承担的责任与义务，得到尽可能好的履行。

其实，很多生活有缺陷的人，都是这样活着的：宁可让自己活着的快乐打折，也不让自己应该履行的责任与义务打折。

这个世界上，能够过上十全十美的生活的人，很少很少，绝大多数人的生活，都是有着这样和那样的缺陷的。可以说，很多人过的生活，都是一种最坏的选择。但很多人，仍然在努力做一个好人。

我现在体会到，许多情况下，人要做一个好人，其实就是把属于自己的那种最坏的生活好好过下去，让自己，成为别人的一种支撑，而不是成为别人的一片阴影。

人生必须有取舍

永远是自己的问题

"你写稿这么多年来,遇到的最大问题是什么?"一个外地来的文友问我。"是自己的稿子质量总不够高,而且稍稍松懈一点,就会自以为还不错,实际上已经落后了。"我说。

"你没遇到过编辑不公正的问题吗?比如说你投某一家报刊,投了很多很好的稿子,可别人就是不用,而那家报刊发表的稿子,并不比你的好,这样的情况你应该遇到过吧?"文友继续问。

我说就是遇到了这种情况,我也会想那肯定是我的稿子质量有问题。说得文友笑起来:"你怎么会这样想呢?"我说我只有这样想,我才能继续热爱写作,我才能把所有的时间与精力都用有稿子质量的提高上。

文友说像我这样想问题的很少。他说他们那个地方的一位副刊编辑,每期发表的五篇文章中,就有三至四篇是关系稿——不是请他吃过饭就是给他送过礼的,再不就是报社头头推荐来的,他说这种现象让他痛苦了好长时间,至少有半年没有心思写文章。

我说他就是每期发三至四篇关系稿,也还有一至二篇稿是讲质量的呀？你的稿子质量好，仍然是有机会的呀。你只要坚持在质量上下功夫，时间长了，你写的稿子自然有实力到那些基本上不讲关系的大报刊去竞争了。

我的经验是，愈是大报大刊，愈是不大讲关系的。小报小刊为什么"小"？就是它包含的正义、正气、正派的东西太少了。大报大刊何以成其为"大"？就是它包含的正义、正气、正派的东西足够多。

不论是一个人，还是一个单位，如果它包含的正义、正气、正派的东西太少，他就必然大不起来，他就总是会处一个"小"的状态。至少，他总是会给人一种"小"的感觉。一个人不论干什么事，刚起步的时候，与之打交道的人，往往总是这些"小"的单位"小"的人，那么，他也总是特别容易遇到那种让自己特别容易受到刺激和伤害的不公正。

遇到这种情况怎么办？是简单地盲目地得出一个"这个世界上根本就没有公正"的结论，从此放弃自己的追求与努力？还是改变自己的初衷从此把自己的主要精力都放在去迎合对方的不良欲望，争取跟别人去建立那种通向丑陋与邪恶的关系上？

我选择的是从自己的作品质量上找问题。我想我的作品不能被发表，肯定是我的作品不足以打动别人，不足以征服别人——不足以让别人觉得不发表你的作品就于心不忍、就会受到他的良知的谴责。我觉得哪怕别人在五篇稿子里只发一两篇不讲关系的稿子，就说明人家的心底里还是有一种良知值得你去唤醒值得你去依靠的。从某种意义上说，提高自己的作品质量的过程，就是让自己的灵魂变得更加纯粹、更有力量激活别人良知的过程。

我一向认为,写作,就是向人们展示自己的灵魂。而一个人笔下的文字,那只不过是一个人的灵魂的衣裳罢了。把自己的文字修炼得更有表现力一些,目的就是能够让人们透过文字这层衣裳,看到一个人具有的灵魂的内在美。

这么多年了,只要我遇到作品难发的情况,我都会从这两方面来找自己的问题。我觉得我的这种心态是健康的。因为总是认为问题出在自己身上,我就总是向内使劲,把时间与精力都用在如何提高自身的思想修养和写作能力上,而不是用在借酒浇愁、无端地发泄不满上,更不会用在如何跟编辑套近乎去请客送礼上。

被我放弃的"财富"

"我们这里一个制作根雕的人,这些年真是发了财,你如果当初坚持下来,你现在制作根雕的水平也会是相当高的了,说不定也会靠它发财——就是放在家里不卖,那也是一笔可观的财富。"一个朋友在电话里说。我笑着说我当时忙得确实顾不过来,不得不放弃。

那还是十多年以前,我发现一个农民在街边摆着他挑来的好多形态各异的树根在卖,便蹲下身子去看看。有一个树根,枝枝杈杈的,我把它倒过来,用手遮住几个地方,竟然发现这个树根里"藏"着一只形态逼真的小鹿。我就想,也许我可以把它制作成一个根雕呢。我问这个树根多少钱,那个农民说六块。我知道,如果我能把它制作成一个根雕作品,我这六块钱就是一笔非常划算的投资。我又挑了另外几个树根,花了二十多块钱把它们买回来。

我专门去买了如何制作根雕的书,还特意去买了钢锯、锯条、刻刀等工具。这以后,只要看见有农民挑着树根卖,我就会上前去挑选。

"哈哈,你制作的这个小鹿还挺像呢!""最像的是这

人生必须有取舍

个大尾巴狐狸,它的好像随时都在动脑子的神态真是很可爱!""还有这个,虽然说不出它到底像一种什么鸟,但它的这种玲珑飘逸的姿态,却是很耐看的。"……那时候,朋友们来玩,都会欣赏、评说我制作的根雕。

不过,几年之后,我却突然决定放弃这个爱好。那是我到一位乡下诗友的家里去玩,跟他在门前的树荫下品茶聊天的时候,他见一个农民挑着一担树根路过,脸色立刻变得很难看,说:"我最讨厌这些挖树根的人了,我们后面的那座山,已经被挖成了一个癞痢头了,弄得我总是担心有一天会发洪水,会把我们家房子冲毁的。"又说,"我看他们真是财迷心窍了,这样只顾着赚些鼻子尖尖上的钱,到头来把山林都毁了,也会把田和房子都毁了的。"

他的这番话说得我好一阵脸红。作为一个经常买树根的人,让美丽的青山变成了癞痢头,我也是有着间接责任的。

从此之后,我再不买树根了,再不制作根雕了。有次妻子买回一盆用那种树根制作的盆景,我也让她今后不要再买了。买这种树根的人多了,那种靠挖树根赚钱的人就会多起来,我们的生态环境也会加速地被破坏。

"要是到处的生态环境都破坏了,那我们就无处可逃了。"我的一个在某大都市工作的朋友说,他是一到节假日就要开着车跑到乡下小住的,"城市里的空气实在太坏了,不时常到乡下呼吸一下新鲜空气真叫人受不了。"他到乡下是要花不少钱的,但在那里,真正值钱的却是那里保养得很好的空气。对于那里的人来说,新鲜的空气才是他们拥有的最为宝贵的财富。不,那也是远离它们的城里人的财富。

我觉得我放弃制作根雕的想法是对的。我如果发了那个财,我的家里如果藏有那样的财富,那会被我认为是一种罪过的。我们的财富,不应该都是存在银行里和收藏家里的那些东西。我们的财富,有很大一部分,必须让它们永远的葱茏在山上、清澈在水里、芬芳在空气中。

陈大超创作年表

1958年7月6日出生在湖北省南漳县城关镇，7岁时入南漳县红旗小学读书，四年级班上排演文艺节目时开始与同学编写对口词。

1972年9月转学到湖北省安陆县城关镇第一中学，读高中时曾两次编写独幕话剧在学校演出；有一首题为《登白兆山》的诗，"发表"在教学楼前的黑板上，占了整整一块黑板。

1976年7月下放到安陆桑树公社四面社林场当知青，坚持每天在煤油灯下用散文体写日记，以此练习写作，由于鼻孔总是被熏黑，以致同伴们给我起了一个"黑鼻孔"的外号。

1978年3月入伍到青海省天峻县当铁道兵，同年10月的一期《铁道兵报》上，发表了我的新闻稿《连长手里的纸条》，这是我的文字第一次变成铅字，激动得浑身颤抖，牙齿咯咯响。

1980年12月退伍回到安陆,1981年3月17日在《孝感报》百花园副刊发表微型小说处女作《春雨中》,随后连续在该报发表诗、杂谈,因此被提前安排到县农机研究所工作,上班的第一天就被抽到县农机局"以工代干",一个月后又抽到县农委,半年后主动要求回到原单位当工人。

　　1982年在孝感地区农机学校职工轮训班进修时,同学吕丽看过我的一辑打印诗稿后说了一句"我发现一颗诗的新星正在我们身边升起,但我还要给你提个意见",心中一动,与之恋爱、结婚。

　　1984年与田星、曹军庆创办民间诗刊《三原色》,开始在《中国农机化报》《农村信息报》发表微型小说与评论。

　　1985年在《诗歌报》发表组诗《雄心〈外二首〉》。

　　1986年在《湖北日报》东湖副刊发表组诗与微型小说,在广州《现代人报》连续发表精短随笔,该报编辑张亚真来信说:"在众多的来稿中发现了你!"

　　1987年诗歌《写给修建新剧院的朋友们》获首届"碧山"文学奖(安陆县文化馆主办)。

　　1990年与赵金禾、胡祥修一起在《孝感报》开办"三人茶座"专栏,诗歌《意外》获"孝感文坛"征文竞赛一等奖(孝感报社主办),诗歌《毛主席喜欢雪》获全国"尖晶杯"新诗、散文大奖赛二等奖（孝感地区文联《槐荫文学》编辑部主办）。

1991年《肯德基兵败上海城的感想》获湖北日报社主办的全国杂文征文大赛特等奖，到湖北日报社领奖时发现我是获奖作者中年龄最小的；在《诗歌报月刊》发表《写给一位英国皇家空军驾驶员》；在台湾《新地》杂志发表诗歌《拜访庄稼》、《我种过一片菜地》（这是我的作品首次在台湾发表）；与岳扬发起创办民间散文刊物《辙》。

1992年编辑诗集《意外》（打印稿），新闻《杨小运再谈自行车》获中华人民共和国第二届农民运动会优秀新闻作品一等奖；诗歌《谁来收割我》获"天一杯"全国诗歌大奖赛新星奖（《文学港》杂志社主办），稿费收入首次超过一千元。

1993年《写给一位英国皇家空军驾驶员》入选《1991年全国诗歌报刊集萃》一书，微型小说《酒》获《孝感日报》同题写作竞赛三等奖，评论《敢随人后同样了不起》获《孝感日报》"畅言集"征文三等奖。

1994微型小说《下毒手》获"春兰杯世界华文微型小说大赛"三等奖入选《春兰杯世界华文微型小说大赛获奖作品集》，评论《"大院"不对百姓设防》获长江日报征文一等奖，论文《为发展壮大图书馆事业努力当好副馆长》获湖北省第二届"怎样当好图书馆长"优秀论文奖（湖北省文化厅主办），《写给一位英国皇家空军驾驶员》入选《诗歌报10年精华》（安徽文艺出版社）。

1995年开始用电脑写作,在台湾《皇冠》月刊杂志发表微型小说,在台湾《活水》周报发表诗和随笔,第一次通过写作赚到美元,多次在《南方周末》发表评论和随笔,多次在《澳门日报》发表微型小说,《皇冠》杂志总编陈乐华先生在信中称赞我的微型小说"写得很棒",短评《向"挑剔者"致敬》、《重视普通人的存在》、《思考生财富》在《长江日报》"快语斋"征文中连续三次获得二等奖。

1996年多次在香港《大公报》发表作品,有时在同一期上发表三篇,编辑给我起笔名"大钊"、"肖干";在美国《中外论坛》发表散文;《为女儿梳头》获"小天鹅杯"家庭亲情征文优秀奖(武汉晚报社主办);散文《善待读书人》获长江日报"书海人生"征文三等奖;小说《贼》获"天津飞鹰杯"全国小小说大奖赛一等奖(天津市群众艺术馆和《天津日报》联合主办);稿费年收入首次超过一万元。

1997年被《湖北长江经济带文献信息开发丛书》编纂委员会聘请为《孝感名优特产录》一书主编,在美国《星岛周刊》连续发表杂文和小说,在《大公报》发出31篇文章,论文《服务越好发展越快影响越大》获"'灵通杯'图书馆为经济建设服务征文"比赛二等奖(国际图联第62届大会中国组委会、《中国文化报社》主办),论文《基层图书馆与地方名人的依存及其效应》获湖北省第二届公共图书馆事业发展奖励基金论文优秀奖,特写《要钱》获《湖北文化》"文化人一日"征文佳作奖,小说《老刘和他的恩人》获《星火》1997小小说公开赛三等奖,《再一次感受春风的吹拂》在美国《诗象》

杂志发有后入选《中国诗歌选》(台湾诗艺文出版社),稿费年收入再次超过一万元。

1998年辞职成为完全以写作为生的自由写作人,胡士华写的《不要官职、不要职称、不要工资,陈大超辞职当自由撰稿人》在《孝感晚报》和《长江日报》刊出,连续在台湾大学办的《中外文学》月刊发表微型小说和散文,《田埂的魅力》获"旌英杯"还我蓝天文学征文三等奖(中国环境报主办),杂文《值得骄傲就骄傲》获长江日报"快语斋"征文三等奖,接待美国华人诗人李斐先生,全年收入人民币一万六千元,美金四百元,是上班收入的两倍多。

1999年在《北方文学》杂志发表中篇小说《朋友梁光》,与胡士华和程超到青海、西安旅游,长江日报发表关于我辞职专事写作的人物专访,接受湖北日报高级高者朱学诗的采访,《"没完没了"好》获长江日报1998年度新闻三等奖,诗歌《悼四个被挤死在火车上的打工妹》获"大红鹰杯"全国文学大奖赛佳作奖(《文学港》杂志社主办),《我们是这样一些石头》入选《中国诗歌选》(台湾诗艺文出版社)。

2000年更新电脑,开始利用互联网投稿,短篇小说《街头小店》获"人民文学·贝塔斯曼"文学新秀杯三等奖(首次到北京领奖),诗歌《捕蝶》获"东方杯"全国爱情诗大奖赛二等奖(山东省青州市作家协会主办),《老鼠朋友》入选《2000中国年度最佳小小说》(漓江出版社),到上海参加《故事会》杂志社举办的笔会,《湖北日报》发表朱学诗采写的长文《稿费滋养陈大超》,《长大当讨饭的》入选《2000中国年度最佳杂文》(漓江出版社),《陈大超妙趣小小说选》一书通过了北京某出版社的审定最后因计划取消而没出成。

2001年到广州参加《大众文艺》杂志社举办的笔会,只身回南漳,小说《病》获"鲁迅风"全国精短文学大赛奖三等奖(《野草》杂志社主办),《出奇制胜》入选《2001中国微型小说精选》(长江文艺出版社)、《世界微型小说经典》(百花洲文艺出版社),稿费首次超过三万元。

2002年到宁波参加《微型小说选刊》与《文学港》杂志联合举办的笔会,散文《我爱养蚕》获中国散文学会主办的"绿色／人文／科技"精美日记大竞赛佳作奖,微型小说《想吃人胆的豹子》获"新世纪幽默微型小说全国征文大奖赛"二等奖(《微型小说选刊》社主办)、在中国微型小说学会主办、金山杂志社承办的首届全国微型小说年度评选中获三等奖,《出奇制胜》入选《世界华文微型小说双年选》(上海文艺出版社),《没遇到一个坏人》入选《2002年中国微型小说精选》(长江文艺出版社),《想吃人胆的豹子》入选《中国微型小说排行榜》(作家出版社)。

2003年到桂林旅游,因诗歌《写在电脑瘫痪的日子里／钻进家里的线路》获"作家在线网"、"中华文学选刊杯"三等奖第二次到北京领奖,小说《"临时工"抖威风》获《山海经》幽默与讽刺故事征文大赛优秀作品奖,散文《神奇的水》获湖北省对台宣传优秀作品优秀奖(湖北省人民政府台湾事务办公室主办,《出奇制胜》入选《中国当代微型小说精华》(人民文学出版社),《幸福秘诀》入选《微型小说2003佳作》(漓江出版社),《呕吐》入选《2003中国微型小说精选》(长江文艺出版社),《宁愿不被"看重"》入选《2003中国杂文年选》(花城出版社)。

2004年起诉新浪网获胜诉在全国范围引起反响——《孝感晚报》《楚天都市报》跟踪报道,《郑州晚报》《法制与社会》月刊、《湖北日报》、《楚天金报》或电话采访或派记者采访均发表长篇报道,鄢烈山在自己主持的《南方周末》评论版、张隽在自己主持的《中华读书报》评论版多次发表他人撰官的相关评论文章,赵金禾写的《心灵的捕手》(介绍我的写作生活)在《湖北作家》、《今日湖北》杂志刊出,《出奇制胜》入选《中国新时期微型小说经典》(长江文艺出版社)、《微型小说佳作欣赏》(百花洲文艺出版社),《广告时代》入选《中国当代微型小说排行榜》(漓江出版社),《老马的一生》入选《2004中国微型小说精选》(长江文艺出版社),《当了总统也得锻炼身体》入选《2004中国杂文年选》(花城出版社),全年稿费收入达到四万三千元。

2005年作品《两个朋友的区别》在全国微型小说年度评选中获三等奖,《奇特的话友》入选英文版《中国小小说选集》(外文出版社),《两个朋友的区别》入选《第三届全国微型小说年度评选获奖作品集》(作家出版社),《废牌》、《死刑》入选《2005中国微型小说精选》(长江文艺出版社),《可贵的不愿大家"受蒙蔽"》入选《2005中国杂文年选》(花城出版社),与刘爱华一起接待来自香港的著名语言、文字学专家、《咬文嚼字》特别顾问汪惠迪先生。

2006年随笔《捐款,对孩子也是一种慈善教育》获"妇幼保健杯""慈善之光"征文一等奖（孝感市慈善总会、《孝感晚报》主办),评论《如此"童趣"要不得》获《长江日报》《边鼓录》征文三等奖,微型小说《坐着发言》获"新世纪校园微型小说全国征文大奖赛"二等奖（《微型小说选刊》主办),《出奇制胜》入选《微型小说鉴赏辞典》(上海辞书出版社),《最安全的星球》、《生活的指点》、《挨骂费》入选《2006处中国微型小说精选》(长江文艺出版社),《最安全的星球》入选《2006中国年度微型小说》(漓江出版社),《像劳拉那样做女人》入选《2006中国杂文年选》(花城出版社),《听疯子说话》入选《2006中国杂文精选》(长江文艺出版社)。

2007年微型小说《绝境里的发现》获慈善之光"就业援助杯"征文评选二等奖(孝感市慈善总会主办),微型小说《哀老之秘》获第五届全国微型小说年度评选三等奖（中国微型小说学会主办),《鲜为人知的事情》入选《2007年中国微型小说精选》(长江文艺出版社),《韩石山的痛苦与窝囊》入选《2007中国杂文年选》(花城出版社)。

2008年担任《杂文报》年度征文评委,杂文《话说老百姓白养活了你》在《杂文月刊》发表后被评为当月好稿获奖金1500元,微型小说《鲜为人知的事情》在第六届全国微型小说年度评选中获三等奖(中国微型小说学会主办),《奇特的话友》被选入《英译中国小小说选集》,《荣誉感》入选《全球100位名人与中学生谈名利》(花山文艺出版社),《被讽刺的人》入选《2008年度中国微型小说》(漓江出版社)、《2008年中国微型小说精选》(长江文艺出版社),《孩子眼里的大难》入选《2008中国杂文年选》(花城出版社),从满五十周岁那天开始写《我的倒计时》,与朋友杨光于农历八月十五到鸡公山游玩迎着月华徒步上山露宿山顶,与北京一家公司签了出版合同的《女人的衣服与战争》没有出成对方赔偿1400元。

2009年因一首歌词获优秀奖到武汉市黄陂区木兰湖参加笔会,随笔《问过骆驼开心吗》获《中国绿色时报》2008年度首届"十大生态美文"称号,与岳扬到江西婺源旅游,与北京龙期期刊网签订在其网上开办"陈大超作品专卖店"的协议获预付款5000元,与北京中大文景文化传播公司签订微型小说数字出版授权协议(将在网上出售微型小说作品,收益五五分成),《穷人的牙齿》入选《2009年中国杂文年选》(花城出版社)、《2009年值得中学生珍藏的100篇杂文》(华东师范大学出版社),《让人受不了的人》入选《中学生创新阅读·2009年名家精品微型小说排行榜》(重庆大学出版社)。日本彩虹图书馆2009年12月出版的《世界儿童微型小说》,《唬不住的女孩》被收入日本彩虹图书馆2009年12月出版的《世界儿童微型小说》(作品第一次被译成日文)。

2010年元月到北京参加中国微型小说数字航母启动仪式暨番薯网微型小说高端论坛,与尹全生同时为主编编出

《中国微型小说方阵／湖北卷》。《2011年元月北京之行记事》入选《2010年中国杂文年选》(花城出版社),《用什么标准看有趣》入选杂文精选集《杞人笔记》(中国时代经济出版社),《积钱罐》入选《2010中国年度微型小说》(漓江出版社)。

2011年元月出版随笔集《聪明的最高境界》。《带着一颗鲜活的灵魂,去感受世界的变化》被收入《中国当代微型小说百家论》(内蒙古人民出版社)。作品《出奇制胜》、《垫底的人》、《呕吐》被收入《中国微型小说名家名作百年经典》(吉林出版集团有限责任公司２０１１年２月出版),五月初开始创作长篇小说《野蚕》。从三月到五月,先后与家人、友人到四川邛崃、湖北谷城、南漳旅游,写出《前面一定有人等着你》等三首歌词及其它随笔。五月十五日完成《自从看见那道光芒／上》初稿(16万字)。六月上旬应邀到浙江浦江参加"散文里的浦江"笔会。六月由安徽教育出版社出版第二本《聪明的最高境界》,九月收到从日本寄来的由日本世界华文微型小说研究会出版的《中国微型小说特集》——本人的《鲜为人知的事情》被翻译成日文收入其中。

2012年4月《亦藏亦露说男女》与北京的一家出版社签订出版合同；5月中旬只身到黄山旅游获得许多人生感悟与写作灵感；5月下旬收到本人出版的第三本书——《智慧诊所》(由四川文艺出版社出版,入选"百年百部微型小说经典"系列)。《值得借鉴的"验收绝招"》11月获第二届"鲁迅故里杯"廉政杂文大赛优胜奖。

2013年4月《私密花园——大超说男人女》、《说首脑》先后上市；5月与朋友岳扬到张家界旅游后写出多篇随笔；7月上旬接待曾任湖北省作家协会主席的全国著名作家刘富道，8月9日湖北日报"作家写作家"专栏（该报与省作家协会联办）发表了刘富道撰写的《一个自由撰稿人的账单》；8月中旬我的第六本书《女儿，爸爸陪你一起成长——一个图书馆馆长的20年育女手记》上市（此书由中国华侨出版社出版）；10月微型小说《无法证明》"黔台杯．第二届世界华文微型小说大赛"优秀奖，到湖北省广水市参加《映山红》杂志社举办的大型文学活动，完成《我是文革生》的书稿；11月《放心不下的事》获"野三坡全国微型小说大赛"优秀奖。

2014年5月只身到河北野三坡旅游，写出《贵在立得住》等七篇文章；作品《痖弦，心中积满了"灌溉的喜悦"》获"美丽中国'卧龙杯'全国征文散文"优秀奖；六月被收到第七本样书《广告时代》，此书由四川人民出版社出版，列入"百年百部故事经典系列"。